单片机原理及实践应用研究

戴　明　马　芳　尹章轩　著

哈尔滨出版社
HARBIN PUBLISHING HOUSE

图书在版编目（CIP）数据

单片机原理及实践应用研究／戴明，马芳，尹章轩
著. -- 哈尔滨：哈尔滨出版社，2024.7. -- ISBN 978-
7-5484-8109-6

Ⅰ. TP368.1
中国国家版本馆 CIP 数据核字第 2024WS0038 号

书　　名：单片机原理及实践应用研究
DANPIANJI YUANLI JI SHIJIAN YINGYONG YANJIU

作　　者：戴　明　马　芳　尹章轩　著
责任编辑：刘　硕
封面设计：赵庆旸

出版发行：哈尔滨出版社（Harbin Publishing House）
社　　址：哈尔滨市香坊区泰山路82－9号　　邮编：150090
经　　销：全国新华书店
印　　刷：北京鑫益晖印刷有限公司
网　　址：www.hrbcbs.com
E－mail：hrbcbs@yeah.net
编辑版权热线：（0451）87900271　87900272
销售热线：（0451）87900202　87900203
开　　本：787mm×1092mm　1/16　印张：9　字数：167千字
版　　次：2024年7月第1版
印　　次：2024年7月第1次印刷
书　　号：ISBN 978-7-5484-8109-6
定　　价：48.00元

前　言

在数字化时代，单片机技术犹如智能控制领域的璀璨明珠，不仅深刻影响着自动化技术的演进，更是智能化浪潮中的关键力量。本书正是在这一时代背景下创作的，旨在全方位、深层次挖掘单片机技术的精髓，将其核心原理与实践应用的广阔天地紧密相连，为电子工程、自动化及其周边领域的探索者与实践者，铺设了一条从理论到实践的平坦道路。

该书开篇以单片机硬件系统为基石，层层剖析其精妙复杂的组成结构，深入浅出地阐述其工作原理，并精准提炼关键性能指标，使读者能够迅速构建对单片机的全面认知。这一过程不仅加深了读者对单片机的理解，更为后续介绍软件编程与系统开发奠定了基础。

关于软件编程，本书系统介绍了单片机编程的基础知识，如编程语言的选择策略、编程环境的搭建等，更深入挖掘了典型结构程序设计，包括算法优化、代码风格、调试技巧等。通过一系列精心设计的案例与实战演练，读者能够逐步掌握高效、可靠、易于维护的编程技能，为单片机应用开发的成功奠定基础。

此外，本书广泛涉猎了单片机技术的多个前沿领域，如显示与键盘接口技术、定时中断机制、串行通信技术等。通过对这些技术的深入剖析与实战应用，本书不仅为读者提供了丰富的理论知识储备，更激发了他们探索未知、勇于创新的精神。这些宝贵的资源不仅有助于相关人员对单片机技术的学习与应用，更为推动整个智能控制技术的快速发展贡献了力量。

在编纂过程中，由于笔者个人能力有限，书中难免存在不足之处。因此，我们衷心希望广大专家与读者不吝赐教，共同促进单片机技术的繁荣与发展。在此，我们对所有支持与帮助我们的专家学者表示最诚挚的感谢与敬意。

目　　录

第一章
单片机硬件系统

第一节　单片机的基础知识及开发工具

一、单片机的发展及应用

（一）嵌入式系统与单片机

自计算机问世以来，其主要使命一直是执行数值计算任务，这些早期的计算机往往体积庞大且功能专一。然而，到了20世纪70年代，微处理器的出现为计算机领域带来了革命性的变化，使得计算机技术得以迅速普及和发展。在这个过程中，人们开始以应用为中心，将微型计算机嵌入各种特定的应用场景或设备之中，以满足特定对象的智能化控制需求。

这种应用驱动的计算机系统区别于传统意义上的通用计算机。通用计算机系统追求广泛的适用性和强大的数据处理能力，而嵌入式系统则是为了适应特定环境或功能而进行专门设计的。它们在形态、功能、可靠性、成本、体积、功耗等方面都有严格的要求，旨在提供针对性极强、高度定制化的解决方案。这类系统通常被称为嵌入式系统。

嵌入式系统的独特之处在于，它们必须与特定的对象集成，实现对象的智能化控制。这导致了嵌入式系统与通用计算机系统在技术要求和未来发展路径上的巨大差异。通用计算机系统经历了从286、386、486到奔腾系列的处理器演进，操作系统也在快速扩展，专注于数据文件的高效处理，最终形成了性能完备、功能丰富的现代通用计算机系统。与此形成鲜明对比的是，嵌入式系统走上了芯片化道路，通过设计全新的体系结构、微处理器、指令系统、总线方式、管理模式等，整个计算机系统集成在一个芯片上，从而开启了单片机时代的先河。

随着微电子工艺的不断进步，嵌入式系统的技术得到了极大的提升，使得它们能够在更广泛的领域内得到应用。如今，嵌入式系统已经成为现代生活中不可或缺的一部分，几乎涵盖了我们日常所使用的各类电器设备，从便携式个人数字助理、移动计算设备，到电视机顶盒、手机、数字电视、多媒体设备，再到汽车、微波炉、数码相机、家庭自动化系统、电梯、空调、安全系统、自动售货机、蜂窝式电话、工业自动化仪表与医疗仪器等，嵌入式系统无处不在，渗透到了生活的每一个角落。

简而言之，嵌入式系统是一个集硬件和软件于一体的综合系统。硬件部分包括嵌入式处理器、存储器以及各种外设和接口，如输入/输出端口、图形控制器等。软件方面，则包含了操作系统和应用程序，这些组件共同协作，为特定的应用场景提供高效、可靠的解决方案。

在嵌入式系统的核心中，嵌入式处理器扮演着至关重要的角色。它们不仅具备强大的实时处理能力和多任务支持能力，还拥有对存储区的高保护性能、可扩展的处理器架构以及低功耗设计等优势。据统计，全球范围内已有超过1000种不同类型的嵌入式处理器，其中流行的设计体系结构超过了30个系列。8051体系是最广泛采用的一种，其衍生产品种类繁多，仅一家制造商——荷兰的飞利浦公司，就提供了接近100种此类处理器。目前，几乎每一个半导体制造商都在生产各种类型的嵌入式处理器，不断推动着嵌入式系统技术的进步和发展。

嵌入式处理器可分成下面几类。

1. 嵌入式微处理器

嵌入式微处理器（EMPU），作为专门为特定应用领域设计的增强型通用微处理器，对工作温度、电磁兼容性及可靠性等关键因素有着严格的要求。虽然其在功能特性上与普通微处理器基本一致，但EMPU在设计时充分考虑了特定环境下的适应性和持久性，使其在复杂的工作条件下仍能保持稳定运行。

EMPU系统通过将嵌入式微处理器与其配套的存储器、总线结构以及外围设备整合在同一块电路主板上，体现了小型化、轻量化和低成本的优势，同时提高了整体系统的可靠性。不过，这种集成也意味着系统的技术保密性相对较低，容易受到外部因素的影响和破解。

当前主流的嵌入式微处理器技术主要包括80×86系列、Power PC系列及68000系列等。80×86系列以其在PC领域的广泛运用而著称，提供了强大的计算能力与兼容性。Power PC系列则以其高性能和低功耗特性，广泛应用于高性能服务器、工作站及便携式电子产品中。68000系列则以其优秀的处理性能和灵活性，在嵌入式系统设计中占据了一席之地，尤其在需要高度定制化应用时显示出其独特优势。

2. 微控制器

微控制器（MCU），也常被称为单片机，是高度集成的计算机系统，其核心为微处理器内核。这种集成不仅限于处理器本身，还涵盖了多种功能部件和外部设备，如ROM、EPROM、RAM、总线及其逻辑、定时/计数器、看门狗电路、I/O端口、串行通信接口、脉宽调制输出、A-D（模拟到数字）和D-A（数字到模拟）转换器，以及Flash ROM和E2PROM等存储单元。通过灵活的配置和定制，微控制器能够针对多样化的应用需求，进行功能设置和外部设备的优化调整。

与嵌入式微处理器相比，微控制器的显著优势在于其能够显著减小应用系统的体积，降低整体功耗和成本，同时提高系统的可靠性。这些特性使得微控制器在嵌入式系统领域中占据了主导地位，目前占据了约70%的市场份额。其中，MCS－51 系列作为微控制器的典型代表，以其广泛的应用和成熟的技术体系，进一步巩固了微控制器在嵌入式系统开发中的重要地位。

3. 嵌入式 DSP 处理器

随着数字信号处理在各类实际应用中的需求日益增长，数字信号处理器（DSP）算法在嵌入式系统中的应用也变得越来越广泛。这一转变经历了从在通用单片机上通过普通指令集勉强实现 DSP 功能，到专门采用嵌入式 DSP 处理器的显著进步。嵌入式 DSP 处理器（EDSP）在系统架构和指令集上进行了深度优化，旨在更好地应对计算密集型任务，尤其是那些涉及大量向量运算和指针线性寻址的场景。其中，TI 公司推出的 TMS320 系列和 Motorola 的 DSP56000 系列，作为 EDSP 的杰出代表，不仅展示了嵌入式 DSP 处理器技术的先进性，还推动了该领域在性能、效率和灵活性方面的持续提升。

4. 片上系统

随着电子设计自动化技术的普及和超大规模集成电路设计方法的日益成熟，以及半导体制造工艺的飞速发展，现代电子系统设计正朝着高度集成的方向迈进，这一趋势催生了片上系统（SoC）技术的诞生。SoC 技术通过将除少数无法集成的元器件外，整个嵌入式系统的核心组件高度集成到一块或少数几块芯片上，极大地简化了应用系统的电路板设计。这种集成方式不仅显著减小了应用系统的体积，还大幅提升了系统的可靠性和性能。目前市场上流行的 SoC 产品众多，其中包括 Cirrus Logic 公司的 Maverick 系列（如 EP7312 和 EP9312）、Motorola 公司的 MC9328MX1、Intel 公司的 Strong ARM 处理器，以及 TI 公司的 OMAP 系列等，这些产品均展示了 SoC 技术在推动电子系统设计创新与发展方面的巨大潜力。

（二）单片机的发展趋势

单片机的发展历程跨越了三个阶段，展现了其从诞生到成熟，再到广泛应用的非凡蜕变。第一阶段，即 1974 至 1978 年的芯片化阶段，标志着单片机的正式问世。以 Intel 公司的 MCS－48 系列为先锋，这代单片机集成了基础的 8 位 CPU、并行 I/O 端口、定时/计数器、RAM 及 ROM 等功能模块，虽资源有限且缺乏软件支持，但已能满足初步的控制需求。同时期，Motorola 的 6801 系列与 Zilog 的 Z8 系列也相继问世，共同奠定了单片机技术的基础。

进入第二阶段，即 1978 至 1983 年的完善阶段，单片机技术迎来了质的飞跃。以 Intel 的 MCS－51 系列为代表，这一时期的单片机不仅构建了包含数据总线、地址总线及控制总线的完善总线结构，还引入了强大的指令系统，特别是布尔操作系统的诞生，极大地丰富了单片机的功能。此外，多级中断处理、大容量 RAM 与 ROM 乃至 A－D 转换接口的集成，使得单片机作为微控制器的潜力得以充分展现，指引了单片机技术发展的新方向。

自 1983 年起，单片机步入了向微控制器过渡的第三阶段。在此阶段，单片机技术持续精进,不仅8位单片机性能得到全面提升,16位及专用单片机也相继涌现。为了更好地适应嵌入式应用的需求,单片机内部集成了更多高级功能,如脉冲宽度调制器、高速 I/O 口及 A–D、D–A 转换器等,这些功能电路的加入使得单片机更加智能化、高效化。同时,SPI、I2C、CAN 等总线接口的扩展,以及电源管理功能的强化,进一步拓宽了单片机的应用领域,使其在现代测控系统中发挥着不可替代的作用。

在当前的发展态势下,单片机技术正展现鲜明的发展趋势。首先,为了提升处理能力,单片机正逐步采用多核 CPU 架构,以满足日益复杂的应用需求。其次,存储容量的扩大与新型存储器的应用,不仅为用户提供了更便捷的程序与数据擦写体验,还显著增强了程序的保密性。最后,单片机内部集成的功能部件日益丰富,与模拟电路的紧密结合更是推动了其应用水平的持续提升,例如,美国国家半导体公司已将语音、图像等高级功能集成至单片机中。

此外,单片机在通信与联网能力方面也显著增强,为嵌入式系统的远程监控与管理提供了可能。同时,随着集成度的不断提升,单片机的功耗进一步降低,电源电压范围也更加广泛,从而提高了系统的整体能效与适应性。

展望未来,随着半导体工艺技术的持续进步与系统设计水平的日益提高,单片机将继续迎来新的变革与发展。在这一过程中,单片机与微机系统之间的界限或将逐渐模糊,两者之间的功能与性能差异也将日益缩小,共同推动嵌入式技术的蓬勃发展。

(三) 单片机主要产品及应用

随着集成电路技术的日新月异,单片机自诞生以来便经历了迅猛的发展,形成了一个庞大而多样化的产品家族。根据其核心控制单元的设计哲学与技术实现的不同,市场上的单片机大致可以划分为两大流派:复杂指令集计算机 (CISC) 与精简指令集计算机 (RISC)。CISC 架构的单片机,如 Intel 的 MCS–51/96 系列、Motorola 的 M68HC 系列、Atmel 的 AT89 系列,以及 Winbond 的 W78 系列和 Philips 的 PCF80C51 系列等,它们的特点在于指令集丰富多样,功能强大,但受限于数据线和指令线的分时复用机制,导致指令与数据访问不能并行处理,从而在一定程度上限制了处理速度,并使得成本相对较高。

相比之下,RISC 结构的单片机,如 Microchip 公司的 PIC16C5X/6X/7X/8X 系列、Zilog 的 Z86 系列、以及 Atmel 的 AT90S 系列,则采用了更为高效的哈佛架构,实现了数据线和指令线的完全分离。这种设计使得指令执行与数据访问能够并行进行,极大提升了处理器的执行效率和运行速度。因此,RISC 结构的单片机在需要快速响应和高效处理的场合,如控制关系相对简单的小家电领域,展现出了明显的优势。

然而,在控制关系更为复杂的应用场景,如高端通信产品、工业控制系统中,CISC 结构的单片机凭借其丰富的指令集和强大的功能,仍然占据着重要的地位。这些系统往往需要处理大量的数据和复杂的逻辑,CISC 结构的单片机的灵活性和扩展性能够更好地满足这些需求。

在众多单片机中,Intel 的 8051 系列单片机以其经典的设计和广泛的应用基础,成了单片机领域的标志性产品。其指令系统独特且功能全面,吸引了众多知名厂商(如 Philips、Siemens、Dallas、Atmel 等)推出与之兼容的芯片,共同构成了庞大的 MCS-51 系列家族。近年来,随着技术的不断进步,MCS-51 系列单片机也在不断进化,集成了更多先进功能,如高速 I/O 接口、模拟数字转换器(ADC)、脉冲宽度调制(PWM)、看门狗定时器(WDT)等,同时优化了低电压、低功耗、电磁兼容性、串行扩展总线及控制网络总线等方面的性能。这些改进使得 MCS-51 系列单片机更加适应现代嵌入式系统设计的需求,成为初学者及专业开发者探索单片机世界的理想起点。

现将国际上较大的单片机公司以及产品销量大、发展前景看好的各系列 8 位单片机简介如下。

1. Intel 公司的 MCS-51 系列单片机

MCS-51 系列单片机的型号及性能指标如表 1-1 所示。

表 1-1 MCS-51 系列单片机的型号及性能指标

公司	型号	片内存储器		RAM	I/O口线	串行口	中断源	定时器	看门狗	工作频率/MHz	A/D通道/位数	引脚与封装
		ROM EPROM Flash ROM										
Intel	80 (C) 31	—		128	32	UART	5	2	N	24	—	40
	80 (C) 51	4 KB ROM		128	32	UART	5	2	N	24	—	40
	87 (C) 51	4 KB EPROM		128	32	UART	5	2	N	24	—	40
	80 (C) 32	—		256	32	UART	6	3	Y	24	—	40
	80 (C) 52	8 KB ROM		256	32	UART	6	3	Y	24	—	40
	87 (C) 52	8 KB EPROM		256	32	UART	6	3	Y	24	—	40
Atmel	AT89C51	4 KB Flash ROM		128	32	UART	5	2	N	24	—	40
	AT89C52	8 KB Flash ROM		256	32	UART	6	3	N	24	—	40
	AT89C1051	1 KB Flash ROM		64	15	—	2	1	N	24	—	20
	AT89C2051	2 KB Flash ROM		128	15	UART	5	2	N	25	—	20
	AT89C4051	4 KB Flash ROM		128	15	UART	5	2	N	26	—	20
	AT89S51	4 KB Flash ROM		128	32	UART	5	2	Y	33	—	40
	AT89S52	8 KB Flash ROM		256	32	UART	6	3	Y	33	—	40
	AT89S53	12 KB Flash ROM		256	32	UART	6	3	Y	24	—	40
	AT89LV51	4 KB Flash ROM		128	32	UART	6	2	N	16	—	40
	AT89LV52	8 KB Flash ROM		256	32	UART	8	3	N	16	—	40
Philips	P87LPC762	2 KB EPROM		128	18	I^2C, UART	12	2	Y	20	—	20
	P87LPC764	4 KB EPROM		128	18	I^2C, UART	12	2	Y	20	—	20

公司	型号	片内存储器		I/O 口线	串行口	中断源	定时器	看门狗	工作频率/MHz	A/D 通道/位数	引脚与封装
		ROM EPROM Flash ROM	RAM								
Philips	P87LPC768	4 KB EPROM	128	18	I²C, UART	12	2	Y	20	4/8	20
	P8XC591	16 KB ROM/EPROM	512	32	I²C, UART	15	3	Y	12	6/10	44
	P89C51RX2	16 ~ 64 KB Flash ROM	1024	32	UART	7	4	Y	33	—	44
	P89C66X	16 ~ 64 KB Flash ROM	2048	32	I²C, UART	8	4	Y	33	—	44
	P8XC554	16 KB ROM/EPROM	512	48	I²C, UART	15	3	Y	16	8/10	64

其中，带有"C"的型号为 CHMOS 工艺的低功耗芯片，否则为 HMOS 工艺芯片；MCS－51 系列单片机大多采用 DIP、PLCC 封装形式。

2. 89 系列单片机

89 系列单片机，作为 MCS－51 系列单片机的一个杰出分支，凭借其完全兼容的特性，已赢得了广大用户的青睐，成为市场上的主流选择。其核心亮点在于内置的高速 Flash ROM，这种非易失性存储器不仅具备高速读取与写入能力，还允许用户直接在内部存放程序代码，极大地简化了系统开发流程。因此，89 系列单片机能够灵活应用于多种场景，无论是构建单片系统以实现独立功能，还是通过外部扩展构建更为复杂的系统架构，抑或构建多机系统以实现协同工作，都能满足需求。其全面的兼容性和卓越的性能表现，使得 89 系列单片机成了嵌入式系统设计中的理想选择。

（1）Atmel 公司的 AT89 系列单片机

美国 Atmel 公司推出的 AT89 系列单片机是一种 8 位 Flash ROM 单片机，采用 8031CPU 的内核设计，其型号含义如图 1－1 所示。

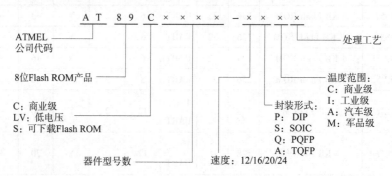

图 1－1　AT89 系列单片机型号含义

　　Atmel 公司的单片机型号结构严谨，由前缀"AT"、型号主体及后缀三部分构成，如 AT89C××××-××××，其中"AT"代表公司标识，"C"指示采用 CMOS 工艺。这些单片机支持 DIP、SOIC、TQFP 等多种封装形式，灵活适应不同设计需求。

　　在 AT89 系列中，AT89C1051、AT89C2051 及 AT89C4051 等型号是基于 AT89C51 的精简版本，它们在保持与 MCS-51 指令系统兼容的同时，通过减少功能（如移除 P0 和 P2 端口）并缩小至 20 引脚封装（如 DIP 或 SOIC），实现了成本的优化与设计的紧凑。值得一提的是，这些精简版单片机内置了精密比较器，便于通过简单的外围电路实现电压、温度等模拟信号的测量，特别适用于智能玩具、便携仪器及家用电器等轻量级应用。

　　然而，随着技术的演进，Atmel 公司已将生产重心从传统的 C 系列（如 AT89C51/52）转向更先进的 S 系列（如 AT89S51/52），后者显著增强了系统可编程性（ISP），允许用户通过简易下载电路直接在线编程，无须芯片拆卸。S 系列单片机不仅提升了工作频率、拓宽了电源电压范围、增加了编程次数、加强了加密保护，还集成了看门狗电路，确保了系统的稳定运行与数据的安全。这一系列变革标志着 Atmel 单片机在功能、易用性和安全性方面迈上了新的台阶。

　　（2）Philips 公司的 P89 系列单片机

　　荷兰 Philips 公司推出的 P89 系列单片机也是一种 8 位的 Flash 单片机，与 Atmel 的 AT89 系列产品类似（表 1-1）。

3. Motorola 公司的 MC68HC 系列单片机

　　MC68HC 系列单片机为 Motorola 公司的经典之作，作为一款广受欢迎的 8 位单片机，该系列拥有众多型号，尽管型号各异，但其 CPU 及指令系统均保持一致，确保了同一系列单片机间的兼容性和开发效率（图 1-2）。然而，与广泛应用的 51 系列单片机不同，MC68HC 系列在架构和程序指令上并不兼容，这要求开发者在迁移或选择平台时需特别留意。

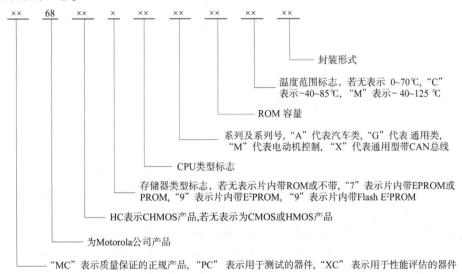

图 1-2　MC68HC 系列单片机型号含义

具体到 MC68HC08 系列单片机，其性能指标如表 1-2 所示，其中特别值得一提的是其集成的脉冲宽度调制功能，这一特性使得该系列单片机在需要精确控制电机速度、LED 亮度调节或音频信号生成等应用中展现出卓越的性能优势。MC68HC08 系列以其稳定的性能、丰富的功能以及 Motorola 品牌的可靠性，成了众多嵌入式系统设计者的优选之一。

表 1-2　MC68HC08 系列单片机的性能指标

型号	片内存储器	定时器	I/O 口	串口	A/D 通道/位数	PWM	总线频率/MHz
MC68HC08AZ0	1 KB RAM 512E2 PROM	定时器1：4通道 定时器2：2通道	48	SCI、SPI	8/8	16 位	8
MC68HC08AZ32	32 KB ROM 1 KB RAM 512E2 PROM	定时器1：4通道 定时器2：2通道	48	SCI、SPI	8/8	16 位	8
MC68HC908AZ60	2 KB RAM 60 KBFlash ROM	定时器1：6通道 定时器2：2通道	48	SCI、SPI	15/8	16 位	8
MC68HC908GP20	512RAM 20 KBFlash ROM	定时器1：2通道 定时器2：2通道	33	SCI、SPI	8/8	16 位	8
MC68HC908GP32	512RAM 32 KBFlash ROM	定时器1：2通道 定时器2：2通道	33	SCI、SPI	8/8	16 位	8
MC68HC908JK1	128RAM 15 KBFlash ROM	定时器1：2通道	15	—	10/8	16 位	8
MC68HC908JK3	128RAM 4 KBFlash ROM	定时器1：2通道	15	—	10/8	16 位	8
MC68HC08MR4	192RAM	定时器1：2通道 定时器2：2通道	22	SCI	4 或 7/8	12 位	8
MC68HC08MR8	256RAM 8 KBFlash ROM	定时器1：2通道 定时器2：2通道	22	SCI	4 或 7/8	12 位	8

4. Microchip 公司的 PIC 系列单片机

Microchip 公司推出的 PIC 系列单片机，作为 8 位高性能领域的佼佼者，率先采用了 RISC 架构，展现了其技术的前瞻性。该系列单片机以其精简至极的指令集著称，仅包含 35 条高效指令，辅以 4 种灵活的寻址方式，且多数指令均为单字节设计，极大地提升了代码密度与执行效率。PIC 系列单片机独特之处在于其指令总线与数据总线的分离设计，这一创新允许指令总线宽度超越数据总线，具体表现为 14 位指令线与 8 位数据线的配置，进一步优化了数据处理与指令执行的流程。

尤为值得一提的是，PIC 系列单片机中不乏超小型号，部分单片机仅配备 8 个引脚，堪称世界上最紧凑的单片机之一，满足了空间极度受限场景下的应用需求。PIC 系列单片机的主要特性不仅限于指令集的精简与执行速度的提升,其低功耗设计、强大的驱动能力以及集成的 I2C 和 SPI 串行总线端口,均为单片机在复杂系统中的串行扩展与外围设备连接提供了强有力的支持,进一步拓宽了 PIC 系列单片机在嵌入式系统、工业自动化及消费电子等多个领域的应用范围。

5. Atmel 公司的 AVR 单片机

AVR 单片机是一款基于 RISC 精简指令集架构的高速 8 位微控制器。其卓越的RICS 指令集设计赋予了 AVR 单片机卓越的运行效率,相较于传统的 51 系列单片机,AVR 单片机能够更高效地处理多任务,展现出更为强大的性能优势。此外,AVR 单片机在功耗控制上也表现出色,相较于 51 系列单片机,其功耗更低,更加符合现代电子设备对节能环保的需求。

鉴于其出色的性能与低功耗特性,AVR 单片机在多个领域得到了广泛应用,包括但不限于工业控制、小家电智能化管理以及医疗设备等领域。这些领域对微控制器的稳定性、高效性及低功耗要求极高,而 AVR 单片机凭借其卓越的性能完美契合了这些需求。

具体到 Atmel 公司的 ATmega 系列 AVR 单片机,其型号含义如图 1-3 所示,该单片机集成了丰富的产品特性(表 1-3)。这些特性包括但不限于高速处理器核心、丰富的外设接口、灵活的编程选项以及强大的通信能力,共同为开发者提供了强大的技术支持与灵活的设计空间,进一步推动了 AVR 单片机在各类嵌入式系统中的应用与发展。

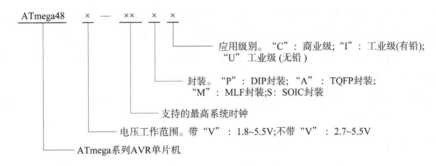

图 1-3 ATmega 系列 AVR 单片机型号含义

表 1-3 常用 AVR 单片机的主要产品特性

型号	Flash/KB	EEPROM/KB	SRAM/B	I/O 口	最大频率/MHz	16 位定时器	8 位定时器	脉冲宽度调制/Hz	UART/个	看门狗	外部中断/个
ATmega48	4	0.256	512	23	20	1	2	6	1	Y	26
ATmega88	8	0.5	1024	23	20	1	2	6	1	Y	26
ATmega168	16	0.5	1024	23	20	1	2	6	1	Y	26
ATmega8	8	0.5	1024	23	16	1	2	3	1	Y	2
ATmega16	16	0.5	1024	32	16	1	2	4	1	Y	3

型号	Flash/KB	EEPROM/KB	SRAM/B	I/O 口	最大频率/MHz	16 位定时器	8 位定时器	脉冲宽度调制/Hz	UART/个	看门狗	外部中断/个
ATmega32	32	1	2048	32	16	1	2	4	1	Y	3
ATmega64	64	2	4096	53	16	2	2	8	2	Y	8
ATmega128	128	4	4096	53	16	2	2	8	2	Y	8
ATmega1280	128	4	8192	86	16	4	2	16	4	Y	32
ATmega162	16	0.5	1024	35	16	2	2	6	2	Y	3
ATmega169	16	0.5	1024	53	16	1	2	4	1	Y	17
ATmega8515	8	0.5	512	35	16	1	1	3	1	Y	3
ATmega8535	8	0.5	512	32	16	1	2	4	1	Y	3

AVR 单片机作为高速嵌入式领域的佼佼者，凭借其独特的预取指令功能，实现了指令执行的高效性，确保每条指令能在单个时钟周期内完成，极大提升了处理速度。其架构亮点在于拥有 32 个通用工作寄存器和多累加器设计，进一步优化了数据处理流程。AVR 单片机内置多个固定中断向量入口，确保对中断请求的即时响应。在功耗控制方面，AVR 表现尤为出色，即便在看门狗功能关闭状态下，其功耗也低至 100 nA，特别适用于电池供电设备，且部分型号支持低至 1.8 V 的工作电压，展现了卓越的能效比。

安全性方面，AVR 单片机采用了不可破解的位加密锁技术，将保密位单元深藏于芯片核心，为敏感应用提供了坚不可摧的数据保护屏障。其 I/O 端口设计同样出色，能够真实反映输入输出状态，且工业级标准下支持高达 10 至 40 mA 的大电流驱动能力，直接驱动晶闸管或继电器，省去了额外的驱动电路。

通信接口方面，AVR 单片机配备了高速串行异步通信 UART 接口，不仅不占用定时器资源，还支持 SPI 同步传输，波特率最高可达 576 kb/s，满足高速数据传输需求。此外，AVR 单片机内置模拟比较器，并支持通过 I/O 口实现 A/D 转换功能，如 ATmega48/8/16 系列即配备了 8 路 10 位 A/D 转换器，为用户提供了高性价比的模数转换解决方案。

定时/计数器模块同样功能丰富，包括 8 位和 16 位选项，不仅可用于比较操作，还支持外部中断和 PWM 输出，后者在电机无级调速等应用中展现出极大潜力。综上所述，AVR 单片机凭借其卓越的性能、低功耗、高安全性、强大的 I/O 驱动能力及丰富的外设接口，广泛应用于工业、民用及家用等多个领域，成为嵌入式系统设计中的理想选择。

单片机主要应用于以下几个领域。

（1）在仪器仪表中的应用

单片机在仪器仪表领域的应用无疑是最为广泛且活跃的，这一领域见证了单片机技术的深度渗透与显著成效。通过将单片机集成到各类仪器仪表之中，不仅赋予了这些设备智能化的"新生命"，还极大提升了测试的自动化程度与精度，使得原本烦琐的测试流程变得高效而准确。这一变革不仅简化了仪器仪表的内部硬件结构，降低了制造成本，还显著提高了产品的性价比，使得智能化仪器仪表在市场上更具竞争力。因此，单片机在仪器仪表领域的应用无疑是其众多优势得以充分展现的典范。

（2）在工业上的应用

单片机广泛用于工业生产过程的自动控制、物理量的自动检测与处理、工业机器人、智能传感器、电机控制、数据传输等领域。

（3）在电信业的应用

单片机在程控数字交换机、手机、智能调制解调器、智能线路运行控制等方面的应用也很广泛。

（4）在军用导航领域的应用

单片机应用在航天航空导航系统、电子干扰系统、宇宙飞船、尖端武器、导弹控制、智能武器装置、鱼雷制导控制等方面。

（5）在日常生活中的应用

当今时代，单片机技术已在家用电器领域实现了全面应用，成为替代传统控制电路的主流方案。从日常使用的洗衣机、电冰箱、空调机、微波炉、电饭锅，到高端的电子玩具、电子字典、数码相机等，单片机无处不在，它们不仅极大地提升了这些产品的自动化水平，还丰富了功能体验，让家用电器变得更加智能与便捷。

尤为引人注目的是，模糊控制作为当前家电领域的一大发展趋势，正引领着家电产品向更高层次的智能化迈进。模糊控制技术能够模拟人类思维中的模糊逻辑，使得家电产品能够根据环境变化和用户习惯做出更加智能、灵活的响应。而单片机，凭借其强大的处理能力和高度集成的设计，成了实现模糊控制家电产品的理想平台。众多模糊控制家电产品的诞生，正是单片机技术在家电领域深入应用与创新的生动体现。

（6）在其他方面的应用

单片机的应用范围极为广泛，除了在仪器仪表等领域的深入应用，它还活跃于办公自动化、商业营销，以及汽车工业等多个关键领域。在办公自动化方面，单片机助力提升了文档处理、数据管理及通信系统的智能化水平，推动了工作效率的飞跃。商业营销领域则借助单片机实现了智能库存管理、顾客行为分析及精准营销策略，促进了商业活动的精准与高效进行。

至于汽车工业，单片机更是成了不可或缺的核心部件。从汽车的点火控制、变速调节到防滑刹车、排气净化，从节能管理、冷气系统到安全报警、综合测试，单片机以其卓越的性能和可靠性，确保了汽车各项功能的精准执行与高效协同。此外，在计算机内部设备中，单片机也扮演着重要角色，参与数据处理、外设控制及系统监控等关键环节，为计算机系统的稳定运行提供了坚实支撑。总之，单片机技术的广泛应用，正不断推动着各行业的智能化转型与升级。

（四）单片机系统的开发

对于一个单片机系统（或称为"目标系统"），从提出任务到设计、调试，最终正确地投入运行并完成既定的功能，这一过程称为开发。单片机系统的开发可分为 5 个步骤（图 1-4）。

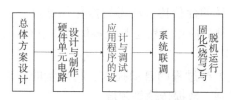

图 1-4　单片机系统的开发步骤

1. 总体方案设计

在设计系统之初，首要任务是明确其运行环境与条件，以此为基础精心策划总体方案。该方案需兼具完整性与合理性，旨在不仅全面达成系统的功能指标，更要确保系统运行的稳固可靠。这意味着总体方案的制定需融合功能性设计与可靠性设计两大维度，任何一维度的缺失都可能影响系统性能乃至引发故障。

可靠性设计应成为项目研发全程的核心考量，从总体架构的蓝图绘制、外围电路的精心选型、PCB 布局布线的精细规划，到元器件的精确安装焊接，乃至软件编码与调试的每一细节，皆需严格把控，以防任何疏漏对系统稳定性造成冲击。对于嵌入式系统而言，尤为重要的是，机械结构设计亦需纳入总体方案之中，确保系统整体架构的和谐统一。

在构思总体方案时，应针对系统的具体需求，如存储容量、通道配置、精度标准、响应时间以及可靠性指标等，构思并比较多种设计方案。通过系统而全面的评估论证，我们最终筛选出最优方案予以实施，以确保系统设计既高效又稳健，满足并超越预期目标。

2. 硬件单元电路设计与制作

随着总体方案的尘埃落定，接下来的任务是深入设计各单元电路。这一环节紧密围绕总体方案的核心要求展开，明确界定各单元电路所需实现的具体功能与技术指标，以此为基准精心挑选适宜的元器件，并确立最优的电路结构形式。随后，着手绘制系统原理图与 PCB 布局图，确保电路设计的精确无误与高效布局。最终，依据设计图纸完成元器件的精准安装与焊接工作，为系统的实体构建奠定坚实基础。这一系列步骤紧密相连，共同推动着系统设计从蓝图变为现实。

3. 应用程序的设计与调试

根据系统要求及硬件设计，编写应用程序，可使用各种汇编工具软件进行源程序的编写、编译及调试等。

4. 系统联调

在单片机系统的开发流程中，仿真调试是不可或缺的一环，它分为软件模拟仿真与硬件仿真两大类别。软件模拟仿真，以 PROTeUS 为代表，作为广大单片机开发者手中的得力工具，能够高效地模拟系统行为，但其局限性在于无法直接介入硬件层面的调试与故障诊断，这在一定程度上限制了其应用范围。

鉴于此，硬件仿真在开发过程中显得尤为重要。硬件仿真器，如伟福仿真器，通过结合通用微型计算机与专用仿真接口，构建了一个强大的硬件调试平台。这些仿真接口以串行通信的方式与微型计算机紧密相连，确保了数据传输的高效与稳定。在这一开发模式下，开发者不仅能够依托微型计算机的强大处理能力，运用其配套的组合软件进行源程序的便捷编辑、汇编以及仿真调试，还能深入硬件层面，进行实时、精确的硬件系统调试与故障排查，从而全面提升开发效率与产品质量。

5. 固化（烧写）与脱机运行

用专用的单片机编程器（烧写器）将编译完成的二进制文件或十六进制文件写入单片机芯片中，进行系统的脱机运行与调试。

二、单片机的数制与编码

单片机，作为计算机家族的一员，其内部运作机制与通用计算机一脉相承，特别是在数制与编码体系上。单片机及计算机内部的核心构造基于各类基础数字电路，这些电路天生擅长识别并处理数字信息，而这一切的基石正是二进制数。二进制数之所以成为首选，源于其物理实现的便捷性，以及数据存储、传输、处理过程中的高度可靠性和简洁性。它不仅支持数值计算，还能高效执行逻辑运算，满足了复杂信息处理的需求。然而，二进制数在书写形式上显得冗长，不便于人类的阅读和记忆，因此，实践中常采用十六进制数作为替代方案，以兼顾计算的精确性与书写的便捷性。

（一）计算机中的常用数制

1. 进位计数制的概念

进位计数制，作为一种基础而强大的计数方法，其核心在于通过有限数量的基本数码来构建数值体系，并遵循进位原则进行计数。这一体系包含两个要素：基数与位权。基数，顾名思义，它界定了构成数制所需的基本数码的总数，一旦数值超出此界限，便需进行进位操作，以维持数制的稳定与有序。而位权，则是衡量数码在数值表示中所处位置重要性的标尺，它赋予了不同数位上的数码以不同的单位常数值，简称"权"。这两大要素相辅相成，共同支撑起进位计数制的严谨架构，使得数值的表示与处理变得既精确又高效。

任意一个 J 进制数的表示方法为

$$S_J = \sum_{i=-m}^{n-1} K_i J^i$$

其中，$K_i = 0, 1, \cdots, J-1$，为第 i 位的数码；m 为小数部分位数；n 为整数部分位数。

2. 单片机中常用的数制

（1）十进制数

特点：①基数为 10，有 0，1，$\cdots$，9 共 10 个数码，逢 10 进 1；

②各位的权为 10^i。

任意一个十进制数的表示方法为

$$S_{10} = \sum_{i=-m}^{n-1} K_i 10^i$$

其中，K_i = 0，1，2，3，4，5，6，7，8，9。

例如：$(273.45)_{10} = 2 \times 10^2 + 7 \times 10^1 + 3 \times 10^0 + 4 \times 10^{-1} + 5 \times 10^{-2}$。

（2）二进制数

特点：①基数为2，有0、1两个数码，逢2进1；

②各位的权为 2^i。任意一个二进制数的表示方法为

$$S_2 = \sum_{i=-m}^{n-1} K_i 2^i$$

其中，K_i = 0，1。

例如：$(1011.101)_2 = 1 \times 2^3 + 0 \times 2^2 + 1 \times 2^1 + 1 \times 2^0 + 1 \times 2^{-1} + 0 \times 2^{-2} + 1 \times 2^{-3}$。

（3）十六进制数

特点：①基数为16，有0～9和A、B、C、D、E、F（对应十进制10～15）共16个数码，逢16进1；

②各位的权为 16^i。

任意一个十六进制数的表示方法为

$$S_{16} = \sum_{i=-m}^{n-1} K_i 16^i$$

其中，K_i = 0～9，A～F。

例如：$(A87.E79)_{16} = A \times 16^2 + 8 \times 16^1 + 7 \times 16^0 + E \times 16^{-1} + 7 \times 16^{-2} + 9 \times 16^{-3}$。

为了区别这几种数制，可在数的后面加上数字下标2、10、16，也可以加一字母。用B表示二进制数；D表示十进制数；H表示十六进制数。如果后面的数字或字母被省略，则表示该数为十进制数。

3. 各种数制间的转换

（1）J 进制转换为十进制

方法：只需按权展开相加即可。

例如：

$$101101B = 1 \times 2^5 + 0 \times 2^4 + 1 \times 2^3 + 1 \times 2^2 + 0 \times 2^1 + 1 \times 2^0$$
$$= 32 + 0 + 8 + 4 + 0 + 1$$
$$= 45$$

（2）十进制转换为 J 进制

十进制转换为 J 进制时，必须将整数部分和小数部分分开转换。

①整数部分的转换：把十进制的整数不断地除以所需要的基数 J，直至商为零，所得余数依倒序排列，就能转换成以 J 进制数的整数部分，这种方法称为除基取余法。

②小数部分的转换：要将一个十进制小数转换成 J 进制小数时，可不断地将十进制小数部分乘以 J，并取整数部分，直至小数部分为零或达到一定精度时，将所得整数

依顺序排列，就可以得到 J 进制数的小数部分，这种方法称为乘基取整法。

例如：

$$115.375D = 1110011.011B$$

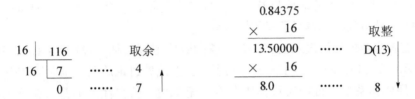

$$116.84375D = 74.D8H$$

（3）二进制与十六进制数的相互转换

二进制与十六进制之间的转换之所以高效便捷，根源在于它们基数之间的数学关系。二进制的基数为 2，而十六进制的基数则为 16，恰好等于 2 的四次方。这一特性意味着每四位二进制数可以无缝映射到一位十六进制数上，实现了两者之间的直接对应。在进行转换时，我们可以遵循以下规则：以小数点为界，对于整数部分，从右向左依次划分，每四位二进制数对应转换为一位十六进制数，若整数部分位数不足四位，则在高位补零以满足转换需求；同理，对于小数部分，则从左向右进行划分与转换，每四位二进制数转换为一位十六进制数，若小数部分位数不足四位，则在低位补零以完成转换过程。这种转换方法既直观又高效，大大简化了二进制与十六进制之间的互译工作。

例如：

$$B6.8H = 1011\ 0110.1000B = 10110110.1B$$
$$11011.011B = 0001\ 1011.0110B = 1B.6H$$

（二）计算机中数的表示

1. 机器数与真值

机器数，作为计算机内部数值的表示形式，是将数值连同其符号位转化为二进制代码的结果，这种二进制数的长度往往被设定为 8 的整数倍，以便于存储与处理。机器数根据其表示特性可划分为两大类别：有符号数和无符号数。在有符号数的表示中，二进制数的最高位被特别指定为符号位，遵循"0 代表正，1 代表负"的原则，用以明确数值的正负属性，而其余各位则专用于量化数值的大小。相比之下，无符号数的表示则更为直接，其所有位均不承担符号表示的任务，而是全部贡献于数值的表达，因此无符号数的最高位同样用于数值表达，不区分正负。

真值，这一概念则指向了机器数背后所承载的实际数值意义，无论是正数还是负数，真值都准确地反映了该机器数所代表的具体数值。对于有符号数而言，通过解析其符号位与数值位，我们可以还原出数值的正负与大小，这一过程正是真值概念的实践应用。

2. 有符号数的表示方法

（1）原码表示法

在 8 位二进制数的表示体系中，最高位 D7 被明确设定为符号位，遵循"0 表示正数，1 表示负数"的规则，而剩余的 7 位（D6 至 D0）则共同承担起量化数值大小的任务。以具体数值为例，+55 的原码表示即 0 0110111B，其中最高位的 0 指示了这是一个正数，随后的 7 位则精确地反映了 55 的二进制形式。相应地，−55 的原码则为 1 0110111B，最高位的 1 表明了其负数属性。

对于有符号数的原码表示而言，其覆盖的数值范围是从 −127 到 +127，对应于十六进制表示中的 FFH（实为 −128 的补码表示，但此处讨论原码范围时以 7FH 为上限，因 FFH 在原码体系中不直接表示具体数值）至 7FH。值得注意的是，在原码体系中，数字 0 拥有两种原码表示方式：00H 代表 +0，而 80H 则代表 −0，这一现象反映了原码表示法在数值表示上的独特性。

尽管原码表示法以其直观性和与真值转换的便利性而著称，但在进行加、减等算术运算时，其电路实现却显得较为复杂。这是因为原码表示法无法直接通过简单的位操作来实现减法，而往往需要借助额外的逻辑来判断数的正负并进行相应的转换，从而增加了电路设计的难度和复杂性。

（2）反码表示法

在二进制数的表示中，正数的反码与其原码是完全一致的，这意味着对于任何正数值，其反码形式不会发生改变。然而，对于负数而言，反码的处理方式则有所不同：负数的反码保持了其符号位（最高位）不变，即仍然为 1，但其余各位（数值位）则执行了按位取反的操作，即 0 变为 1，1 变为 0。

以具体数值为例，正数 0 和正数 127 的反码分别与其原码相同，即 0 0000000B 和 0 1111111B。而对于负数，情况则有所变化：负数 0（虽然实际上在数学中不存在单独的 −0 概念，但在此仅作为反码表示法的说明）的反码为 1 1111111B，而 −127 的反码则为 1 0000000B，展现了负数反码的特殊构造方式。

有符号数的反码表示法所覆盖的数值范围与原码相同，即从 −127 到 +127。值得注意的是，与原码类似，0 在反码表示法中同样存在两种形式，分别对应于正 0 和负 0（尽管负 0 在实际应用中较为罕见，但在理论上反码表示法允许其存在）。反码表示法虽然在某些方面（如简化减法运算为加法运算）提供了便利，但其表示范围并未超出原码的限制。

（3）补码表示法

在补码表示法中，正数的补码与其原码保持一致，这意味着对于任何正数值，其补码形式无须进行任何转换，直接沿用原码即可。然而，对于负数而言，补码的计算则稍显复杂：负数的补码是其反码加 1 的结果，这一操作实质上是将负数的原码按位取反后，再在最低位加 1。

以具体数值为例，－127 的补码计算过程首先是将 －127 的原码（1 1000001B）按位取反得到反码（1 0111110B），然后在此基础上加 1，最终得到补码（1 0111111B），但注意这里存在一个错误，因为直接对 － 127 的原码取反加 1 会得到溢出，实际上 － 127 的补码应为 1 0000001B（这里修正了前面的错误示例）。同样地，－1 的补码则是其反码（1 1111110B）加 1 的结果，即 1 1111111B。

补码表示法的引入极大地扩展了有符号数的表示范围，使其能够表示从 － 128 到 ＋ 127 的整数。值得注意的是，在补码体系中，0 只有一种表示形式，即 00000000（假设是 8 位二进制数），这消除了原码和反码中 + 0 和 － 0 的区分，简化了数值的表示。此外，补码表示法的一个显著优势在于，它允许将减法运算直接转换为加法运算进行处理，这一特性在计算机内部运算中尤为重要，因为它简化了算术逻辑单元（ALU）的设计，提高了运算效率。

（三）常用编码

1. BCD 码

鉴于人们日常习惯使用十进制数，而计算机内部则是以二进制为基础进行数据处理，为了在这两者之间架起桥梁，实现十进制数在计算机中的有效表示与运算，二进制编码的十进制（BCD）码应运而生。BCD 码本质上是一种将十进制数转换为二进制形式进行存储和处理的编码方法，其中压缩的 BCD 码尤为常见，它采用 4 位二进制数精确对应十进制数的一位，从而实现了高效的数值表示。

在众多的 BCD 编码方案中，8421BCD 码以其直观性和广泛应用性脱颖而出，成为最常用的编码方式之一。其核心在于这 4 位二进制数的每一位分别被赋予了 8、4、2、1 的权值，这种权值分配方式直接映射了十进制数的构成规则。具体而言，8421BCD 码通过 0000 至 1001 这 10 种不同的 4 位二进制组合，精确表示了十进制数 0 至 9。值得注意的是，在进行 BCD 码运算时，需遵循特殊的进位规则，即每 4 位二进制数在达到或超过十（1001）时应向高位进位，以维持 BCD 码的正确性。

尤为关键的是，当两个 BCD 码进行加（减）法运算后，为了确保结果仍然为有效的 BCD 码形式，可能需要进行十进制调整。这一调整过程基于一个简单的原则：若运算结果中某一位的十进制数值超过 9，或低 4 位向高 4 位产生了进（借）位，则需在该位上执行加（减）6 的操作，以此恢复 BCD 码的正确表示形式，确保后续处理或显示的准确性。

2. ASCII 码

美国标准信息交换码，即 ASCII，是计算机领域内用于编码和处理字母、符号等字符的一套标准体系。ASCII 码巧妙地利用 7 位二进制数字的组合，构建了一个包含 128 种不同状态的字符集，这些状态足以覆盖广泛的字符需求。具体而言，这 128 种组合被精心设计以表示 52 个大小写英文字母（包括 a~z 和 A~Z）、10 个基本十进制数字（0~9）、7 个常用标点符号、9 个基本运算符号（如加、减、乘、除等），以及余下的 50 个用于控制计算机操作或数据传输的控制符号。在 ASCII 码的编码机制中，一个字符的编码被划分为高 3 位作为行码和低 4 位作为列码，这种行列结合的编码方式不仅简化了编码过程，还有效地利用了有限的 7 位二进制空间，实现了字符信息的高效存储与传输。

三、单片机常用开发工具

随着单片机技术的持续演进，其开发环境迈向更加高效与便捷的道路。从早期的汇编语言编写到如今广泛采用的高级语言 C 进行开发，这一转变不仅降低了开发门槛，还极大地提升了开发效率。在这一背景下，单片机开发软件也经历了显著的发展，其中，针对 51 系列单片机的 Keil μVision4 以其强大的功能和广泛的兼容性脱颖而出，成为业界最受欢迎的开发工具之一。

Keil μVision4 不仅支持传统的汇编语言开发，让资深开发者能够继续发挥汇编语言的高效优势，同时全面结合 C 语言开发，使得更多初学者和跨平台开发者能够轻松上手，加速产品开发周期。当开发者利用 Keil μVision4 完成程序的编写与调试，确保无误后，接下来的步骤便是将编译好的程序代码部署到单片机中。对于经典的 51 系列单片机，如 AT89S51，这一过程尤为简便——通过 ISP 接口线即可实现代码的下载，无须额外的编程器，进一步简化了操作流程，提升了开发体验。

（一）Keil μVision4

Keil μVision4 是美国 Keil Software 公司的匠心之作，是为 51 系列单片机及其兼容单片机量身打造的一站式软件开发平台。该平台集成了 C 编译器、宏汇编器、连接器、库管理器以及一个功能卓越的仿真调试器，制定了一个全面而高效的开发解决方案。通过其精心设计的集成开发环境，这些核心组件被无缝整合，为开发者提供了前所未有的便捷体验。Keil μVision4 之所以备受推崇，关键在于其编译生成的汇编代码不仅执行效率高，而且结构清晰、易于理解，这一特性使得即便是在使用 C 语言进行系统开发时，开发者也能轻松驾驭，确保代码性能与可读性的双重优化。因此，Keil μVision4 自然成了众多开发人员在使用 C 语言开发单片机系统时的首选工具软件。这里仅以汇编语言程序的开发过程为例，介绍 Keilμ Vision4 的使用方法。

1. Keil μVision4 的安装与启动

安装 Keil μVision4 的过程简便快捷，用户仅需访问 setup 目录，并双击 setup. exe 执行文件启动安装向导。遵循安装程序中的直观提示，依次输入必要的信息，随后安装程序将自动完成剩余步骤，无须用户过多干预。安装完毕后，用户可通过双击桌面上的 Keil μVision4 快捷方式图标，轻松启动软件并进入其主界面。

在 Keil μVision4 的界面布局中，最顶端是标题栏，紧随其后的是包含丰富功能的菜单栏。菜单栏下方排列着便捷的工具栏，为日常操作提供了快速访问途径。界面主体由三个主要窗口区域构成：左侧的 Project 窗口作为项目管理中心，负责组织和管理当前工程及其包含的所有项目文件；右侧则是广阔的工作区，这里是用户编写和编辑程序源代码的主战场；而位于界面左下角的 Build Output 窗口，则扮演着信息汇总的角色，实时显示编译过程中的状态更新、错误报告及警告信息，帮助用户及时监控编译进度并找出问题所在。

2. 程序的编辑及参数设置

（1）新建源程序

在 Keil μVision4 中，创建新文件的过程直观且简便。用户可通过选择菜单栏中的"Filc"项，随后点击下拉菜单中的"New"命令，或者直接点击工具栏上显眼的新建文件按钮，来启动新建文件的操作。这一操作将在项目窗口的右侧区域开辟一个新的文本编辑窗口，为用户提供一个空白画布，用于输入汇编语言源程序或 C51 程序代码。完成代码编写后，务必记得保存文件，并为其指定合适的扩展名以区分文件类型。对于汇编语言源程序，通常采用".asm"作为扩展名，如命名为"waterled.asm"；而对于 C51 源程序，则习惯使用".c"作为扩展名。这样的命名有助于维护项目的组织性和代码的可读性。

（2）新建工程文件

在复杂的项目开发过程中，单一源程序往往难以满足需求，项目结构通常涉及多个文件的协同工作。为了便于文件的管理与项目参数的统一配置（包括选择适配的 CPU 型号、定义编译、汇编及链接的具体参数，以及设定调试模式等），开发者倾向于采用工程（Project）的概念来组织项目。通过执行"Project"菜单下的"New μVision Project"命令，可启动新建工程向导，引导用户输入期望的工程名称（如"waterled"，注意此处无须指定扩展名），并点击"保存"按钮以确认。随后，系统会弹出 CPU 选择对话框，要求用户指定目标单片机型号。在此步骤中，用户应准确选择符合项目需求的 CPU，比如 Atmel 公司的 AT89S51 芯片，完成选择后点击"确定"按钮，至此，一个包含必要参数设置及文件框架的工程便成功创建，为后续的开发工作奠定了坚实的基础。

（3）加载源程序文件

在 Keil μVision4 的项目管理界面中，用户可以高效地组织和管理项目文件。首先，通过点击项目管理窗口中"Target 1"前的加号图标，可以展开项目结构，显示出下一层级的"Source Group 1"。接下来，为了将源程序文件添加到项目中，用户需右键点击"Source Group 1"，在弹出的快捷菜单中选择"Add Files To Group 'Source Group1'"命令。执行此操作后，会打开文件选择对话框，允许用户浏览并查找项目所需的源程序文件，例如"waterled.asm"。一旦找到并选定该文件，点击确认将其加入"Source Group 1"中。

完成添加操作并返回到 Keil μVision4 的主界面后，用户会注意到"Source Group 1"

前面现在显示了一个加号图标，表示该组下已包含文件。点击这个加号，可以进一步展开"Source Group 1"，清晰地看到刚刚加入的源程序文件"waterled. asm"。此时，用户只需双击该文件名，Keil μVision4 便会自动打开该文件，准备进行代码的查看、编辑或其他操作。

（4）设置工程参数

在着手进行编译与调试之前，对项目进行细致入微的参数配置是不可或缺的一环。通过鼠标右键点击项目管理窗口中的"Target 1"，并从弹出的快捷菜单中选择"Options For Target 'Target1'"命令，用户能够访问全面的属性设置对话框。该对话框汇聚了多达 11 个选项卡，提供了丰富的配置选项，以适应多样化的项目开发需求。此处，我们聚焦于几个关键且常用的选项卡进行简述，至于其余选项卡，建议深入相关文献资料以获取详尽信息。

在"Target"选项卡内，用户需特别关注"Xtal"设置项，它关乎硬件所采用的晶振频率，需根据外部硬件电路的实际晶振频率进行准确配置。此外，"Memory Model"是 C51 编译器对默认存储器类型模式进行设定的关键，提供了 Small、Compact 与 Large 三种选项，分别对应着变量全部存储在内部 RAM、允许使用 256 字节外部扩展 RAM 以及无限制使用全部外部扩展 RAM 的不同内存管理策略。"Code ROM Size"则用于规划 ROM 空间的使用情况，同样提供了 Small、Compact 与 Large 三种模式，以满足不同规模的程序存储需求。

转向"Output"选项卡，其中"Create HEX File"选项尤为关键，它控制着是否生成可供编程器写入的可执行代码文件（HEX 文件）。对于需要进行编程器写入的场景，务必勾选此选项。

至于属性设置对话框中的其余页面，则涉及 C51 编译选项、A51 汇编选项以及BL51 连接器的连接选项等，这些高级设置项为专业开发者提供了进一步的定制空间，以满足特定项目或优化目标的需求。

3. 编译及调试

在 Keil μVision4 中，通过选择不同的编译与构建命令，开发者可以灵活地控制项目的编译与连接过程。具体而言，点击"Project"菜单下的"Translate"命令，将启动对当前打开文件的单独编译操作。若需对整个工程进行编译并连接处理，则应选择"Build Target"命令；此命令智能地检测工程中文件的修改状态，仅对发生变动的文件进行重新编译，随后执行连接操作。若希望无论文件是否修改，都强制对所有文件进行全新的编译与连接，那么"Rebuild All Target Files"命令将是最佳选择。

在编译与连接的过程中，所有相关信息，包括编译进度、警告及错误提示等，都将实时显示在主界面下方的输出信息窗口中。一旦源程序中存在语法错误，系统将生成详细的错误报告，并通过双击错误提示，直接跳转到代码中的出错行，极大地方便了错误的定位与修正。当所有错误被修正后，开发者即可无缝过渡到仿真调试阶段，利用 Keil μVision4 提供的强大仿真调试功能，进一步验证程序的逻辑与性能。

（二）Proteus

Proteus 是英国 Labcenter 公司的杰出之作，是一款集电路分析、实物仿真与电子设计自动化于一体的综合平台，专为 Windows 操作系统量身打造。该软件不仅涵盖了数字和模拟、交流与直流等广泛领域的数千种元器件仿真，还模拟了众多现实世界中常见的虚拟仪器仪表，为用户提供了前所未有的仿真体验。尤为值得一提的是，Proteus 具备强大的图形显示功能，能够实时地将电路中信号的变化以直观的图形方式展现出来，极大地方便了设计者的分析与调试工作。

在功能层面，Proteus 不仅支持原理图绘制、SPICE 仿真以及 PCB 设计，实现了从电路设计到物理实现的全链条覆盖。它还能深入模拟与分析各类模拟器件、集成电路的性能表现，同时兼容 51 系列、AVR、PIC 等多种主流单片机以及 LED 发光二极管、键盘、电机、A/D 及 D/A 转换器等丰富的外围接口设备仿真，为嵌入式系统开发者提供了全面的测试环境。

此外，Proteus 还内置了完善的软件调试工具，支持全速运行、单步执行、断点设置等多种调试模式，让开发者能够精确地控制仿真过程，并实时观察变量、寄存器等关键组件的状态变化。更令人称道的是，Proteus 还开放性地支持第三方软件编译和调试环境集成，如与 Keil μVision4 等主流单片机开发软件的无缝对接，成为电子工程师和嵌入式开发者不可或缺的强大助手。下面以流水灯仿真为例介绍该软件的基本使用方法。

1. 在 Proteus 仿真环境下画出流水灯电路图

启动 Proteus 后，用户随即步入其直观而功能丰富的原理图编辑环境。该界面精心布局，集成了菜单栏、工具栏及一系列高效窗口，为电子设计提供了全方位的支持，其核心区域——图形编辑区，是绘制电路原理图的创意舞台，用户可在此自由构建出精确反映设计意图的电路蓝图。

在工具箱中，各类常用工具整齐排列，静候调用。选择工具让精确选取与操作电路元素变得轻而易举；拾取元器件工具则引领用户轻松从庞大的元器件库中挑选所需组件；放置节点工具、标注工具、文本工具等则分别承担着优化原理图布局、清晰标注说明、添加注释说明等关键任务。此外，终端工具、引脚工具、激励源工具以及虚拟仪器工具等高级选项的加入，更是极大地丰富了电路仿真的可能性，使得用户能够模拟各种复杂的电子系统行为。

对象选择器作为工具箱与编辑区之间的桥梁，其重要性不言而喻。通过选择不同的工具箱图标按钮，用户能够灵活切换当前编辑状态，从而在元器件、终端、引脚、图形符号、图表等众多元素间自由穿梭，实现电路原理图的精细化设计与定制。这一设计哲学不仅提升了工作效率，更确保了设计过程的流畅与愉悦。

2. 将流水灯编译后的 .hex 文件加入 Proteus 中，进行虚拟仿真

双击 AT89C51 单片机芯片图标，将直接触发元器件编辑对话框的开启。在该对话框的"Program File"区域，用户需点击"打开"按钮，随后浏览并选定预先准备好的

流水灯程序的 .hex 文件，以便将该程序加载至单片机中，供后续仿真使用。同时，在 "Clock Frequency" 设置项中，明确指定单片机的时钟频率为 12 MHz，这一设置对于仿真过程中的时序控制至关重要。值得注意的是，Proteus 在运行时会严格遵循单片机编辑对话框中设定的时钟频率，因此，在 Proteus ISIS 界面上构建电路原理图时，用户可以省略掉为单片机单独设计时钟电路的步骤，简化了设计流程。同样地，由于复位电路在仿真环境中的非必要性，该部分设计同样可以被略去，进一步提升了原理图设计的效率。

第二节 单片机的结构与最小系统

一、微型计算机的基本结构及工作原理

计算机的基本结构由五大核心组件构成（图 1-5）。运算器，作为数据处理的心脏，负责执行所有必要的算术与逻辑运算任务；控制器，则是指令解析与调度的中枢，它解读来自用户的指令并向系统各部件发出精确的控制信号；存储器，则是信息的仓库，不仅存储着程序指令，还承载着运行过程中产生的数据及最终结果；而输入设备与输出设备，则是计算机与外界沟通的桥梁，它们分别承担着将外部命令与数据引入计算机内部，以及将处理结果呈现给用户的重任。

在微型计算机领域，为了实现更高的集成度与效率，控制器与运算器被巧妙地融合于一片微小的芯片之上，这片芯片被赋予了"微处理器"的美誉。微处理器，作为微型计算机的大脑，不仅极大地简化了计算机的内部结构，还极大地提升了系统的整体性能。接下来，我们将深入探讨微型计算机的基本构造及其内在工作机制，以揭示这一精密系统是如何高效协同工作的。

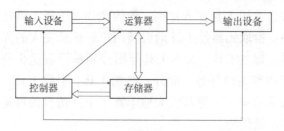

图 1-5 计算机的基本结构

（一）微型计算机的基本结构

微型计算机是以微处理器为核心的，加上内存储器 ROM 和 RAM、I/O 接口电路以及系统总线组成（图 1-6）。

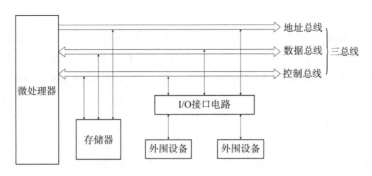

图 1-6　微型计算机的基本结构

1. 微处理器

微处理器，作为微型计算机的灵魂所在，不仅是系统的运算枢纽，也是指挥全局的控制中心。微型计算机间性能差异的首要根源，便在于其所搭载的微处理器型号之不同，每种处理器均承载着其独有的指令系统。尽管种类繁多，但微处理器的核心架构却相似，主要由运算器、控制器以及寄存器组构成。

运算器，作为数据处理的中坚力量，专注于执行各类算术与逻辑运算任务，确保计算过程的准确无误。

控制器，则是指令流转与执行的指挥官，它由指令寄存器、指令译码器及微操作控制电路精妙组合而成。这一组合先是将指令从存储器的深处调取至指令寄存器暂存，随后指令译码器将抽象的指令代码转化为具体的控制信号。最后，微操作控制电路依据这些信号，编织出一张精密的控制网，引领微型计算机的各个部件步调一致，协同完成程序预设的各项任务。

而寄存器组，则是临时存储的舞台，它们或承载运算过程中的操作数、中间结果及最终答案，或记录程序运行时的微妙状态。寄存器依功能可细分为专用与通用两大派系。其中专用寄存器，如累加器、标志寄存器、程序计数器等，各自扮演着不可替代的角色：累加器是运算舞台上的主角，积极参与各类运算；标志寄存器则是状态守护者，敏锐捕捉并记录程序运行中的每一次状态变迁；程序计数器则是程序的领航员，精准指引着程序执行的方向与步伐。

2. 三总线

总线，作为微型计算机内部各核心组件间信息流通的"动脉"，扮演着微处理器、存储器及 I/O 接口电路间信息交换桥梁的角色。这一复杂而高效的通信系统由三大总线支柱共同支撑：数据总线、地址总线以及控制总线。数据总线，作为数据流通的"高速公路"，负责在微处理器与内存、I/O 接口电路之间架起双向传输的桥梁，确保数据能够顺畅无阻地在系统内部流通。地址总线，则是指引方向的信号灯，它单向地将地址信息从微处理器传递至内存和 I/O 接口电路，为数据存取提供精准的坐标定位。而控制总线，则是命令与状态信息的集散地，它承载着微处理器发出的控制指令，同时接收来自外部设备或接口的状态反馈，确保整个系统能够按照既定的逻辑和谐运作。这三大总线相辅相成，共同构建了微型计算机内部高效有序的信息交换网络。

3. 存储器

微型计算机内部所采用的存储器均为先进的半导体存储器，这一类别下又可细分为只读存储器与读/写存储器两大类。只读存储器家族庞大，涵盖了 ROM、PROM、EPROM、E2PROM 及 Flash ROM 等多种类型，它们的主要使命是稳固地保存各类关键程序，如汇编器、编译器、标准子程序库以及频繁调用的数据表等，确保系统的基本功能与数据基础坚如磐石。

而读/写存储器，作为用户程序与动态数据的温床，则涵盖了多种形式的 RAM。存储器基本结构如图 1-7 所示，核心在于庞大的存储单元矩阵，这一矩阵由无数存储单元紧密排列而成，每个单元都承载着特定的信息，且其在矩阵中的唯一位置由"地址"这一标识符精准锁定。存储单元的总数量直接决定了存储器的容量上限，是衡量其存储能力的重要指标。此外，地址译码器作为存储器的智能导航，负责解析输入的地址信息，准确无误地定位并选中目标存储单元，确保数据的读写操作能够迅速完成。地址线的多少与存储容量的关系满足：存储容量 $=2^n$（n 为地址线的数量）。利用地址译码器就可以用较少的地址线选择更多的存储单元。

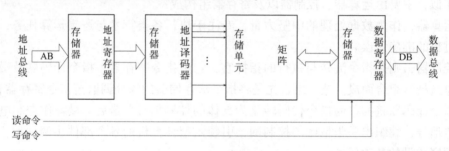

图 1-7　存储器基本结构

存储器的读写操作始于微处理器发出的地址信号，这一信号经由地址总线迅速传输至地址寄存器中暂存。随后，地址译码器登场，它根据暂存的地址信息精准定位到指定的存储单元。紧接着，微处理器通过控制总线发出明确的读/写控制信号，这一信号如同开关，决定了数据在存储器与微处理器之间的流动方向。若执行读操作，存储单元中的数据将被提取至数据寄存器，随后通过数据总线无缝传递至微处理器；反之，若执行写操作，微处理器中的数据则先通过数据总线传送至数据寄存器，再由寄存器存入指定的存储单元中，完成数据的更新。

微型计算机的存储器架构依其地址空间分配方式的不同，可划分为普林斯顿结构与哈佛结构两大阵营。普林斯顿结构秉持统一地址空间的设计理念，微处理器访问只读存储器与读/写存储器时采用相同的指令集，这种设计简化了指令系统，使得微处理器能够灵活处理不同类型的数据与程序，8086 及奔腾系列微型计算机便是这一结构的典范。而哈佛结构则另辟蹊径，将只读存储器与读/写存储器划分至两个完全独立的地址空间，即便两者拥有相同的地址编号，也需通过不同的指令进行访问，这种设计有效隔离了程序与数据，减少了数据冲突的可能性，提升了访问效率。

4. I/O 接口电路

微型计算机与 I/O 设备之间的信息流通并非直接实现，而是依赖于 I/O 接口电路作为不可或缺的媒介与桥梁。这一接口电路承担着桥梁的角色，确保外围设备与微处理器之间能够顺畅地进行数据交换。它巧妙地利用各种标准化的总线技术，构建起一条高效的信息传输通道，不仅负责信息的传递，还会对这些信息进行必要的预处理，以确保数据的完整性与准确性。通过这样的设计，微型计算机与 I/O 设备之间得以建立起稳固而可靠的连接，共同支撑起整个计算机系统的稳定运行。

5. 外围设备

在日常应用中，我们接触到的外围设备种类繁多，它们各司其职，共同丰富了计算机系统的功能。其中，打印机以其高效的输出能力，将电子文档转化为纸质形式，便于存档与分享；显示器则是视觉信息的窗口，将数字信号转化为直观的图像与文字，展现给用户；键盘与鼠标作为输入设备，承担着用户与计算机交互的重任，用户通过敲击键盘、移动鼠标来输入指令与数据；绘图仪则专注于图形处理领域，能够绘制出高精度的图纸与图像；而外存储器，如磁盘、光盘、磁带等，则是数据存储的宝库，它们拥有庞大的存储容量，能够长期保存各类文件与资料；此外，随着互联网的普及，一些互联网装置也成了重要的外围设备，它们使得计算机能够接入网络，实现远程通信与资源共享。

(二) 微型计算机的工作原理

微型计算机在执行任务时，遵循着一套严谨而高效的工作流程。首先，程序被精心编排并存储于存储器之中，静待微处理器的调用。随后，微处理器宛如一位不知疲倦的指挥官，严格按照预设的时序，从存储器中逐一提取指令。每条指令被取出后，微处理器会对其进行细致入微的译码操作，解析出指令背后的意图与要求。紧接着，微处理器根据译码结果，精准地发出地址信号与控制信号，这些信号如同无形的纽带，通过总线这一高速通道，在微处理器、存储器及 I/O 接口之间构建起一座座桥梁，确保数据或命令能够准确无误地流通。

以 51 系列单片机执行 "3 + 2" 这一简单操作为例，我们可以清晰地看到这一过程的生动展现。单片机首先从其存储器中调取执行加法运算的相关程序指令，随后微处理器对这条指令进行译码，明确了需要进行加法操作。接着，微处理器分别发出地址信号，从存储器中取出操作数 3 和 2，并将它们暂存于内部寄存器中。之后，微处理器执行加法指令，将两个操作数相加，得到结果 5，并同样将结果暂存于寄存器中。最后，根据程序的需要，微处理器可能通过总线将结果传输至显示器进行显示。如此，便完成了 "3 + 2" 这一看似简单实则蕴含了计算机核心工作原理的操作。

首先由编程人员写出汇编语言源程序，通过汇编程序将其编译成机器语言程序，其代码如下：

机器码汇编语言源程序注释

7403H MOV A, #03H ；（A）= 3

2402H ADD A，#02H ；（A）=3+2

80FEH SJMP $ ；暂停

在程序启动之初，机器语言程序（机器码序列）被精心编排并顺序存放于存储器的各个单元之中，同时，程序计数器被初始化为0000H，这一设置确保了程序将从第一条指令所在的位置开始执行。随着计算机的激活，微操作控制器随即介入，它首先将程序计数器中存储的初始值0000H传送至地址寄存器，作为读取操作的起始地址。紧接着，微操作控制器发出"读"命令，指示存储器响应并准备数据输出，同时，程序计数器的内容自动递增1，为读取下一条指令的地址做好准备。

在接收到读命令后，存储器迅速响应，将位于0000H单元的机器码"74H"读取出来，并通过数据通道送入数据寄存器。随后，这一数据被微操作控制器捕获，并进一步传递至指令寄存器进行暂存，随后由指令译码器对其进行解码，解析出指令的具体含义及后续操作要求。根据解码结果，新的控制命令被生成，该命令指示将存储器中紧随其后的第二个地址单元（0001H）中的数据读取到累加器中，以作为操作数或参与后续运算。与此同时，程序计数器再次自动加1，为下一次地址访问做好准备。

在新的控制命令的驱动下，存储器再次响应，将0001H单元中的数据"03H"读取到数据寄存器，并随后通过内部数据总线无缝传输至累加器，完成第一条指令所指定的数据加载操作。至此，第一条指令的执行流程圆满结束，计算机继续按照程序计数器的指引，顺序执行后续指令，推动整个程序的逐步展开。

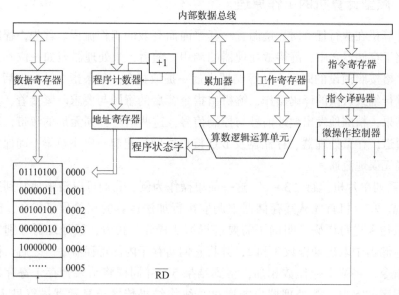

图1-8 计算机工作过程示意

下面两条指令的执行过程与第一条指令类似。

二、C51 的数据结构

在C51编程中，与标准C语言类似，数据同样被划分为常量与变量两大类别。常量，顾名思义，是指在程序执行过程中其值保持不变的元素，它们可以是形式多样的，包括但不限于字符、标准的十进制数值，或是以 0× 为前缀的十六进制数值。变量则是程序中那些值能够随着程序运行而动态变化的元素。无论是常量还是变量，它们在 C51 及 C 语言中的表现形式与存储方式，都是由其所属的数据类型所严格定义的。数据类型，作为数据结构的基石，不仅决定了数据在内存中的布局与占用空间的大小，还影响了数据所能参与的操作类型及其行为特性。

（一）C51 的常量

常量就是在程序执行过程中不能改变值的量。常量的数据类型有整型、浮点型、字符型、字符串型及位等。

1. 整型常量

整型常量在 C51 及 C 语言中，可以采用十进制或十六进制的形式来表示，为了区分普通整数与长整数，对于后者，通常在数值的末尾附加字母 "L" 作为标识。以下是一些具体的示例来阐明这一点：

十进制整数常量直接以数字形式给出，可以是正数，也可以是负数。例如，1234 代表一个正整数，而 -56 则代表一个负整数。

十六进制整数常量以 0× 为前缀，后跟十六进制数（0-9 和 A-F/a-f）。例如，0×123 是一个正十六进制整数，而 -0×FF 则是一个负十六进制整数，注意负号作用于整个十六进制数值。

长整数常量与普通整数常量类似，但它们在数值的末尾添加了一个大写的 "L"（或小写的 "l"，但通常推荐使用大写以避免与数字 1 混淆）。这表示该常量是一个长整型数。例如，6789L 是一个十进制的长整数，而 0×AB12L 则是一个十六进制的长整数。这些长整数常量在内存中占用更多的字节，以支持更大范围的整数值。

2. 浮点型常量

浮点型常量在 C51 及 C 语言中提供了两种主要的表示方式：十进制形式和指数形式。

十进制浮点型常量由数字和小数点组成，用于表示具有小数部分的数值。在这种表示法中，整数部分和小数部分都可以为 0，但小数点本身不能省略。这意味着，即便小数点前后没有数字，只要小数点存在，就构成了有效的十进制浮点型常量。例如，0.1234、.1234（省略了整数部分）、1234.（省略了小数部分，虽然这种写法在实际编程中可能不常见，但理论上它是有效的），以及 0.0 都是有效的十进制浮点型常量示例。

指数形式则提供了一种更为紧凑和灵活的方式来表示非常大或非常小的浮点数。它的基本语法为 [±] 数字 [. 数字] e [±] 数字，其中 e（或 E，大小写不敏感）是指数标记，用于分隔基数和指数部分。基数部分可以是整数或小数，而指数部分是一个整数，指定了基数需要乘以 10 的多少次幂。例如，123.4e5 表示 123.4×10^5，而 -6e-7 则表示 -6×10^{-7}。这种表示法使得表示极大或极小的数值变得既简单又直观。

3. 字符型常量

字符型常量为单引号内的字符，如 'e' 'K' 等。对于不可显示的控制符，可在该字符前用反斜杠 "\" 构成转义字符表示。

4. 字符串型常量

字符串型常量在 C51 及 C 语言中是由一对双引号包围的一系列字符组成，例如 "ABCD" 或 "@ #%" 等。当双引号内部不包含任何字符时，它表示一个空字符串，尽管在实际应用中空字符串的概念更多用于逻辑上的空而非物理上不存在双引号，但理论上双引号紧挨不出现任何字符也可视为空字符串的一种表示（尽管这种表示方式在编写代码时并不常见）。

在 C51 中，字符串常量并非简单被视为单个字符的集合，而是作为字符型数组来处理。这意味着，每个字符串常量在内存中都会占用一个连续的字符数组空间，并且系统会在字符串的实际字符序列之后自动添加一个特殊的转义字符 "\0"（空字符），作为该字符串的结束标志。这个结束符是不可或缺的，它使得程序能够准确地识别字符串的边界，从而正确地进行字符串处理操作。

因此，字符串常量 "A" 与字符常量 'A' 在 C51 及 C 语言中具有本质的区别。字符串常量 "A" 实际上是一个包含两个字符的数组：字符 'A' 和紧随其后的空字符 '\\0'，而字符常量 'A' 则仅代表单个字符 A，不包含结束符，且在内存中通常只占用一个字节的空间（具体取决于字符编码方式）。这种区别在编程时需要特别注意，以避免类型不匹配或逻辑错误。

5. 位常量

位常量的值只能取 1 或 0。

（二）C51 的变量与存储类型

变量是编程中不可或缺的元素，它们代表了程序执行过程中值可以变化的量。在 C51 及类似的 C 语言环境中使用变量之前，必须对其进行明确的定义，这一过程涉及指定一个易于识别的标识符作为变量名，并同时声明其数据类型和存储模式。数据类型定义了变量可以存储的值的类型（如整数、浮点数、字符等），而存储模式则可能指示了变量在内存中的具体存储位置（如内部 RAM、外部 RAM 等），尽管 C51 的存储模式的声明可能更多地与存储器类型相关联，这取决于编译器的具体实现方式。

C51 对变量的定义遵循一定的格式，通常包括可选的存储种类说明符、必需的数据类型声明、可选的存储器类型指定以及变量名列表。存储种类用于指定变量的作用域和生命周期，如自动变量、静态变量等。数据类型则决定了变量的基本性质和行为。存储器类型（在 C51 中可能特指）进一步细化了变量的存储位置，虽然这一点在标准 C 语言中不常见，但在嵌入式系统编程中尤为重要。

此外，C 语言（包括 C51）还支持使用转义字符来表示那些无法直接在字符常量中打印的字符，如换行符（\n）、制表符（\t）等，这些转义字符在字符串和字符常量中扮演着重要角色，使得程序能够输出或处理更复杂的文本数据。表 1-4（假设存在这样一张表）列举了 C 语言中常用的转义字符，为开发者提供了便捷的参考。

表 1-4 常用的转义字符

转义字符	含义	ASCⅡ码
\	空字符	0×00
\ n	换行符	0×0A
\ r	回车符	0×0D
\ t	制表符	0×09
\ b	退格符	0×08
\ f	换页符	0×0C
\ '	单引号	0×27
\ "	双引号	0×22
\ \	反斜杠	0×5C

下面分别介绍变量定义格式中的各项。

1. 存储种类

在定义变量时，存储种类项是一个可选项，它为开发者提供了控制变量存储特性和生命周期的灵活性。C 语言（包括 C51 环境）中，变量的存储种类主要分为四种：自动、外部、静态和寄存器。如果开发者在定义变量时未明确指定存储种类，则编译器默认将其视为自动变量处理。

自动变量是最常见的存储种类之一，它们被存储在内存的堆栈区域。这类变量的生命周期与它们被定义的函数或复合语句紧密相关：只有在包含它们的函数被调用或相应的复合语句被执行时，编译器才会为它们分配内存空间；而当函数调用结束或复合语句执行完毕后，这些自动变量所占用的空间将被自动释放。

外部变量则是在函数外部定义的变量，也称为全局变量。与自动变量不同，外部变量一旦被定义，就会被分配固定的内存空间，这种分配是跨函数的，即使在函数调用结束后，外部变量的存储空间也不会被释放，它们在整个程序运行期间都保持有效。

静态变量根据其作用范围的不同，可进一步细分为内部静态变量和外部静态变量。内部静态变量是在函数内部定义的，但它们的行为更接近于外部变量，即在函数调用结束后，其值会保持不变，直到下次函数调用时再次使用。外部静态变量则是在所有函数外部定义的，但它们的作用域被限制在定义它们的文件内，不会对其他文件可见。静态变量的地址在程序运行期间是固定的。

最后，寄存器变量是一种特殊的存储种类，它指示编译器尽量将变量存储在微处理器的寄存器中。由于寄存器的访问速度远快于内存，因此使用寄存器变量可以显著提高程序的执行效率。然而，需要注意的是，寄存器的数量是有限的，而且编译器可能会根据实际情况忽略寄存器变量的请求，将其存储在内存中。

2. 数据类型

（1）char：字符型

字符型数据在 C51 及 C 语言中通常占用一个字节（8 位）的存储空间。根据是否包含符号位，字符型数据分为有符号（signed char）和无符号（unsigned char）两种类型。默认情况下，如果未明确指定，字符型数据被视为有符号类型。

对于 unsigned char 类型的数据，由于其不包含符号位，因此它可以表示的数值范围是从 0 到 255，共 256 个不同的值。这个范围覆盖了所有可能的 8 位二进制组合，其中每一位都可以独立为 0 或 1。

而对于 signed char 类型的数据，其最高位（最左边的位）被用作符号位，用于区分正数和负数。当符号位为"0"时，表示该数为正数；当符号位为"1"时，表示该数为负数。负数在 signed char 类型中是通过补码形式来表示的，这是一种二进制数的表示方法，能够确保加法运算的一致性，即无论是正数还是负数，都可以使用相同的加法电路来处理。补码表示法下，signed char 类型数据能够表示的数值范围是从 –128 到 +127。这个范围是通过将符号位"1"后的位模式解释为负数来实现的，其中最小的负数（–128）是通过将符号位设置为"1"，其余位全部设置为"0"来表示的，这是一个特殊的规定。

（2）int：整型

整型数据在 C51（在许多 C 语言环境中，尽管具体长度可能依编译器和目标平台而异，但这里我们遵循双字节的假设）通常占用两个字节（16 位）的存储空间。根据是否包含符号位，整型数据同样分为有符号（signed int）和无符号（unsigned int）两种类型，且默认情况下，如果未明确指定，整型数据被视为有符号类型。

对于 unsigned int 类型的数据，由于它不包含符号位，因此可以表示的数值范围是从 0 到 65 535，共 65 536 个不同的值。这个范围覆盖了所有可能的 16 位二进制组合，每一位都可以独立为 0 或 1。

而对于 signed int 类型的数据，其最高位（最左边的位）被用作符号位，以区分正数和负数。当符号位为"0"时，表示该数为正数；当符号位为"1"时，表示该数为负数。负数在 signed int 类型中同样是通过补码形式来表示的，这种表示方法确保了加法运算的一致性。在补码表示法下，signed int 类型数据能够表示的数值范围是从 –32 768 到 +32 767。这个范围是通过将符号位"1"后的位模式解释为负数来实现的，其中最小的负数（–32 768）具有特殊的二进制表示（符号位为 1，其余位全为 0，但由于是 16 位整数，这种全 0 的情况被特别解释为 –32 768，而不是 0，这是补码表示法的一个特点）。

（3）long：长整型

长整型数据在 C51（在标准 C 语言中，尽管 C51 可能针对嵌入式系统有所特定优化，但这里我们讨论的是更通用的概念）通常占用四个字节（32 位）的存储空间。类似于其他整型数据，长整型也分为有符号（signed long）和无符号（unsigned long）两种类型，且默认情况下，如果未明确指定，长整型数据被视为有符号类型。

对于 unsigned long 类型的数据，由于它不包含符号位，因此其可以表示的数值范围是从 0 到 4 294 967 295，这是一个非常大的数值范围，共包含了 4 294 967 296 个不同的非负整数值。这个范围覆盖了所有可能的 32 位二进制组合。

而对于 signed long 类型的数据，其最高位（最左边的位）被用作符号位，以区分正数和负数。当符号位为 "0" 时，表示该数为正数；当符号位为 "1" 时，表示该数为负数。负数在 signed long 类型中是通过补码形式来表示的，这种表示方法允许计算机使用相同的加法电路来处理正数和负数的加法运算。在补码表示法下，signed long 类型数据能够表示的数值范围是从 -2 147 483 648 到 +2 147 483 647。这个范围是通过将符号位 "1" 后的位模式解释为负数来实现的，其中最小的负数（-2 147 483 648）具有特殊的二进制表示（符号位为 1，其余位全为 0，但在补码表示法中，这种全 0 的情况被特别解释 -2 147 483 648）。

（4）FLOAT：浮点型

浮点型数据是指符合 IEEE-754 标准的单精度浮点型数据，其长度为 4 个字节。在内存中的存放格式如下。

字节	+0	+1	+2	+3
浮点型数据内容	S EEEEEEE	E MMMMMMM	MMMMMMMM	MMMMMMMM

（5）＊：指针型

指针型数据与前述的整型、字符型等数据结构存在显著的不同，主要在于指针变量本身不直接存储数据值，而是存储另一个变量的内存地址。这种设计允许程序通过指针间接访问和操作内存中的数据，提供了极高的效率。

在 C51 及标准 C 语言中，指针变量的长度并不固定，而是依赖于它所指向的数据类型以及编译器的具体实现。然而，通常情况下，指针变量的长度可能是 1 到 3 个字节（尽管在现代 32 位或 64 位系统中，常见的指针长度是 4 字节或 8 字节）。重要的是要理解，指针的长度并不反映它所指向的数据的大小，而是反映了系统地址空间的寻址能力。

指针变量的类型声明遵循特定的语法规则，即在指针符号 "＊" 前面冠以数据类型的符号，以指明该指针所能指向的数据类型。例如，char ＊ Point1；这行代码声明了一个名为 Point1 的指针变量，它用于指向字符型数据。这意味着 Point1 中存储的是某个字符变量的内存地址，通过这个地址，程序可以间接访问和修改该字符变量的值。

需要注意的是，虽然指针提供了强大的内存访问能力，但不当使用也可能导致程序错误甚至崩溃。因此，在使用指针时，开发者需要格外小心，确保指针在使用前已被正确初始化，并且指针所指向的内存区域在访问时是有效的。

（6）bit：位类型

位类型是 C51 编译器的一种扩充数据类型，利用它可以定义一个位变量，但不能定义位指针，也不能定义位数组。它的值只可能为 0 或 1。

（7）SFR：特殊功能寄存器类型

特殊功能寄存器（SFR）是 C51 编译器为 51 系列单片机提供的一种特殊数据类型，它是对单片机内部特定 8 位寄存器的直接抽象。通过定义 SFR 类型的变量，开发者可以在 C 语言程序中直接访问和操作这些硬件寄存器，从而控制单片机的各种特殊功能，如 I/O 端口、定时器、中断控制器等。

SFR 类型的数据在内存中占用一个单元，其取值范围与标准的无符号字符型相同，即 0 到 255。这使得 SFR 能够完美地映射到单片机内部的 8 位寄存器上。

在 C51 中，定义 SFR 变量的语法是在关键字 SFR 后面跟上变量名和等号，等号右侧是寄存器的地址（通常以十六进制形式给出，并前缀 0×）。例如，SFR P0 =0×80；这行代码定义了一个名为 P0 的 SFR 变量，它对应 51 单片机 P0 端口的内部寄存器，其地址是 0x80。在程序的其他部分，开发者就可以像操作普通变量一样通过 P0 来读取或设置 P0 端口的值。例如，P0 =255；这行代码就会将 P0 端口的所有引脚置为高电平。

需要注意的是，由于 SFR 直接映射到单片机的硬件寄存器上，因此对它们的操作会直接影响单片机的硬件状态。因此，在使用 SFR 时，开发者需要确保对单片机的硬件手册有深入了解，以避免错误的操作导致不可预见的结果。

（8）sbit：可寻址位类型

可寻址位类型也是 C51 编译器的一种扩充数据类型，利用它可以访问 51 系列单片机内部 RAM 的可寻址位及特殊功能寄存器中的可寻址位。

例如：

sfr P1 =0×90

sbit P1_1 = P1^1

sbit OV =0 ×D0^2

表 1-5 为 C51 的所有数据类型。

表 1-5　C51 的所有数据类型

数据类型	长度	值域
unsigned char	单字节	0 ~255
signed char	单字节	-128 ~ +127
unsigned int	双字节	0 ~65 535
signed int	双字节	-32 768 ~ +32 767
unsigned long	4 字节	0 ~4 294 967 295
signed long	4 字节	-2 147 483 648 ~ +2 147 483 647
float	4 字节	±1.175 494E +38 ~ ±3.402 823E +38
*	1 ~3 字节	对象的地址
bit	位	0 或 1
sfr	单字节	0 ~255
sfr16	双字节	0 ~65 535
sbit	位	0 或 1

在 C51 中，如果出现运算对象的数据类型不一致的情况，按以下优先级（由低到高）顺序自动进行隐式转换。

bit→char→int→long→float→singed→unsigned，转换时由低向高进行。

（9）数组

①数组定义

在 C51 及标准 C 语言中，数组是一种基本的数据结构，用于存储具有相同数据类型的多个元素。数组的使用必须遵循"先定义后使用"的原则，其定义格式遵循严格的语法规则。以下是对一维数组定义及其注意事项的详细阐述：

一维数组的定义格式：

类型说明符 数组名 [常量表达式]；

类型说明符：指明了数组中每个元素的数据类型，如 int、char 等。

数组名：是用户自定义的标识符，用于在程序中引用整个数组。

常量表达式：位于方括号中，表示数组中元素的数量，即数组的长度。这个值必须是一个常量表达式，它在编译时就必须确定，不能是变量（但可以是宏定义的符号常量或字面常量表达式）。

示例：

int A [10]；// 定义整型数组 A，包含 10 个元素

char Ch [20]；// 定义字符数组 Ch，包含 20 个元素

定义数组时的注意事项：

A. 数组的类型：实际上是指数组中每个元素的数据类型。对于给定的数组，所有元素的数据类型都是相同的。

B. 数组名的书写规则：数组名应遵循 C 语言中标识符的命名规则，通常以小写字母开头，可以包含字母、数字和下划线，但不能以数字开头，且不能与 C 语言的关键字同名。

C. 唯一性：数组名在其作用域内必须是唯一的，不能与其他变量名或函数名相同。

D. 数组下标：数组元素的下标从 0 开始计数。如果定义了一个长度为 5 的数组，如 A [5]（注意这里的写法实际上是不准确的，因为方括号内应表示元素个数而非下标上限，正确写法应为 A [5] 但实际上数组只有 5 个元素，即 A [0] 到 A [4]），那么有效的元素下标范围是 0 到 4。

E. 常量表达式的限制：方括号中的常量表达式必须是一个在编译时就能确定其值的表达式，它不能是变量，但可以是宏定义的符号常量、枚举常量或字面常量表达式。这是因为数组的长度在编译时就需要确定，以便编译器为数组分配足够的连续内存空间。

②数组元素

数组元素是数组中的基本单位，它们各自独立，但共享同一类型。在 C51 及标准 C 语言中，访问数组元素的方式是通过数组名后紧跟一个下标来实现的，这个下标代

表了元素在数组中的位置或顺序。下标的值必须是整型常量或整型表达式，它决定了具体访问的是哪一个数组元素。值得注意的是，如果下标的值是小数，C51 编译器及大多数 C 语言编译器会自动对其进行取整操作，但这样的行为可能会导致意外的数组访问，因此最好避免使用非整型的下标值。

定义数组元素时，我们实际上是在声明数组的同时，通过数组名和特定的下标来间接引用数组中的具体元素。然而，在程序中我们不能直接引用整个数组作为一个整体进行操作（如直接累加整个数组的值），而只能逐个访问数组元素并执行所需的操作。

例如，如果我们有一个整型数组 A，包含 10 个元素，并希望计算这些元素的总和，我们就需要使用循环结构来累加数组中的元素。具体的代码示例如下：

int A［10］，SUM；// 定义整型数组 A 和用于累加和的变量 SUM

SUM ＝0；// 初始化 SUM 为 0

for（int I ＝0；I ＜ 10；I＋＋）// 使用 for 循环遍历数组 A

SUM ＝SUM＋A［I］；// 将数组元素 A［I］的值累加到 SUM 上

尝试用一个语句来累加整个数组的值是不正确的，比如 SUM ＝SUM＋A；这样的写法是错误的，因为它试图将整个数组 A 作为一个整体与 SUM 进行加法运算，这在 C 语言中是不允许的。数组名在表达式中通常会被转换为指向数组首元素的指针，而不是数组本身的值集合，因此这样的操作没有实际意义，编译器也会报错。

③数组赋值

在 C51 及 C 语言中，数组的赋值可以通过两种方式完成：赋值语句赋值和初始化赋值。这两种方法各有特点，适用于不同的编程场景。

A. 赋值语句赋值：

在程序执行的过程中，开发者可以通过赋值语句对数组元素进行逐个赋值。这种方法提供了灵活性，允许在程序的任何阶段根据需要修改数组的内容。例如，使用循环结构可以遍历数组并为每个元素赋予特定的值，如下所示：

for（i ＝0；i ＜ 10；i＋＋）

num［i］＝i；

这段代码将数组 num 的前 10 个元素依次赋值为 0 到 9。

B. 初始化赋值：

与赋值语句赋值不同，初始化赋值是在数组定义时直接为数组元素指定初始值。这种赋值方式在编译阶段完成，它不仅可以简化代码，还可以简化程序运行时的赋值操作，从而提高程序的执行效率。初始化赋值的一般形式如下：

类型说明符 数组名［常量表达式］＝ {值，值，…，值}；

在初始化列表中，每个值对应数组中的一个元素，值之间用逗号分隔。例如：

int num［10］＝ {0，1，2，3，4，5，6，7，8，9}；

这行代码与下面的逐个赋值语句效果相同：

num［0］＝0；num［1］＝1；…；num［9］＝9；

但初始化赋值的方式更加简洁，且在程序启动时就已经完成了赋值操作，无须在程序执行过程中再次进行，这对于需要预先设定好数组内容的场景尤为有用。

3. 存储器类型

该项为可选项。Keil Cx51 编译器完全支持 51 系列单片机的硬件结构和存储器组织，其所能识别的存储器类型如表 1 – 6 所示。

表1 – 6　Keil Cx51 编译器所能识别的存储器类型

存储器类型	说　明
DATE	直接寻址的片内数据存储器，访问速度最快
BDATE	可位寻址的片内数据存储器，允许位与字节混合访问
IDATE	间接访问的片内数据存储器，允许访问全部片内地址
PDATE	分页寻址的片外数据存储器，用 MOVX@ Ri 指令访问
XDATE	片外数据存储器，用 MOVX@ DPTR 指令访问
CODE	程序存储器，用 MOVC@ A + DDPTR 指令访问

在 C51 编程中，当定义变量时省略了存储器类型说明项，变量的存储位置将由编译时所使用的存储器模式来决定。Keil Cx51 编译器提供了三种主要的存储器模式：SMALL、COMPACT 和 LARGE，每种模式对变量的存储分配有着不同的影响，特别是在数据指针和数据存储方面。

表1 – 7　存储器模式对变量的影响

存储器模式	描　述
SMALL	变量放入直接寻址的片内数据存储器（默认存储器类型为 DATE）
COMPACT	变量放入分页寻址的片外数据存储器（默认存储器类型为 PDATE）
LARGE	变量放入片外数据存储器（默认存储器类型为 XDATE）

第二章

单片机的软件编程

第一节　软件编程及汇编语言源程序

一、软件编程的步骤及方法

（一）软件编程的步骤

用汇编语言编写源程序，一般要经过如下步骤。

1. 分析问题，明确任务

在单片机应用系统程序设计中，明确设计任务、功能要求及技术指标，并对系统的硬件资源和工作环境进行分析，是整个设计过程的基础和必要条件。

2. 确定算法

在深入且精准地剖析了程序设计任务之后，接下来的关键步骤是明确并选定解决该问题的具体算法。值得注意的是，针对同一问题，往往存在多种算法可供选择，每种算法都有其独特的思路与实现方式。因此，设计者需细致入微地分析这些多样化的算法，比较它们的效率、复杂度、资源消耗以及实现的难易程度等因素。通过全面权衡，我们可最终从众多算法中遴选出一种最优算法，即那种既高效又符合实际需求的最佳算法，以确保程序设计方案的实施既经济又高效。

3. 绘制程序流程图

程序流程图的绘制，是衔接算法构思与具体程序编码之间的一个关键环节，它旨在将抽象的算法逻辑具象化为易于理解的可视化过程。程序流程图通过运用一系列标准化的图形符号（如半圆弧形框、矩形框以及菱形框等），并辅以必要的文字说明，将这些符号以箭头线有逻辑地串联起来，构建出直观反映程序执行步骤的图形。这些图形符号各自承载着特定的意义：半圆弧形框（端点框）常用于表示程序的开始与结束；矩形框（处理框）则代表各种处理步骤或操作；而菱形框（判断框）则专门用于表示决策点或条件判断。通过精心设计的流程图，复杂的问题解决流程得以条理清晰地展现，原本抽象的思维路径变得直观可触，从而为后续的程序编码工作奠定了坚实的基础。如图 2-1 为程序流程图中常用的图形符号，为设计高效、准确的程序流程图提供了宝贵的参考。

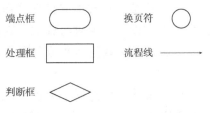

图 2 - 1　程序流程图中常用的图形符号

端点框，作为程序流程图中的标志性元素，明确表示着程序的起始与终结，为整个流程划定了清晰的边界。处理框，则是程序流程图中的核心组成部分，它承载着程序的具体功能或一系列处理过程，是实现算法逻辑的关键步骤。判断框则扮演着决策者的角色，在程序流程图中根据预设的条件进行判断，进而决定程序的执行路径，引导流程按照既定的逻辑继续推进。

当程序流程图内容过于丰富，单页难以完整呈现时，换页符便成了连接不同页面流程图的桥梁，确保了整个流程的连续性和完整性。而流程线，作为程序流程图中不可或缺的引导元素，它以直观的箭头形式指明了程序执行的顺序和方向，使得整个流程的逻辑关系一目了然。这些图形符号与流程线的有机结合，不仅将复杂的程序逻辑条理化、形象化，也为程序设计者提供了强有力的工具，助力他们高效、准确地完成程序的设计与开发工作。

4. 编写源程序

用汇编语言把程序流程图表明的步骤或过程描述出来。在编写源程序之前，应合理地选择和分配内存单元和工作寄存器。

5. 汇编和调试

汇编过程是将精心编写的源程序代码转化为计算机能够直接识别并高效执行的机器语言指令集，这一过程输出的结果为目标程序。在实际编程实践中，这一转换步骤普遍借助机器汇编器自动完成。汇编过程中，不仅能够实现代码的转换，还能揭示源程序中可能存在的指令格式错误或使用不当的问题，为开发者提供了宝贵的反馈。

汇编之后是调试阶段，它要求开发者输入预设的数据，启动程序，并仔细观察程序的执行行为及输出结果，以此验证程序的逻辑正确性与结果准确性。调试工作往往采取模块化的策略，即先独立运行并调整单个模块，确保每个模块功能正常后，再将它们集成起来进行整体的运行与调试。这种方法显著缩小了问题排查的范围，使得错误定位更加迅速且高效。最终，唯有经过严格的上机调试，并能稳定输出正确结果的程序，才能被认定为是可靠且无误的。

(二) 软件编程中的技巧

1. 尽量采用模块化程序设计方法

模块化设计作为程序设计领域广泛采用的一种高效策略，其核心思想是将一个复杂的程序系统细分为多个功能明确、相对独立的小程序模块。这些模块各自承担特定的任务，通过精心设计的接口相互连接，共同构成完整的程序逻辑。在模块化设计过程中，开发者对每个模块进行独立的设计、编码与调试，确保了模块内部逻辑的正确性和稳定性。随后，将这些经过验证的模块进行集成与联合调试，最终构建出一个既实用又高效的完整程序。

对于编程初学者而言，模块化设计不仅降低了编程难度，还提供了宝贵的学习路径。他们可以通过积极搜索并重用那些经过实践检验并被证明是高效可靠的程序模块，或是稍加修改即可满足需求的模块，来快速搭建程序的框架。这种方式不仅能够加速开发进程，还能让初学者在实践中学习到成熟的设计思想和编程技巧。当然，在无法找到合适模块的情况下，初学者也应勇于尝试自行设计模块，通过实践不断提升自己的编程能力。总之，模块化设计鼓励灵活组合与复用，是初学者快速入门并高效编程的有力工具。

2. 合理地绘制程序流程图

在绘制程序流程图的过程中，应当遵循"先粗后细"的原则，这一原则强调在初始阶段主要聚焦于程序的逻辑结构与核心算法，而不过分纠结于具体的编程指令细节。通过这样的方式，可以促使开发者将主要精力集中于构建清晰、合理的程序架构，从而在根本上保障程序的逻辑严密性和运行可靠性。程序流程图作为一种直观、可视化的工具，其优势在于能够清晰地展现程序的执行流程，使得每一个步骤、每一个决策点都一目了然，这不仅有助于开发者在设计阶段及时发现并纠正潜在的逻辑错误，也为后续的查错与修改工作提供了极大的便利。因此，尽管在绘制程序流程图阶段可能需要投入相对较多的时间进行精心设计，但这一投资将在后续的源程序编辑与调试过程中获得丰厚的回报，显著缩短整体开发周期，提升开发效率。

3. 少用无条件转移指令，尽量采用循环结构和子程序结构

少用无条件转移指令可以使程序的条理更加清晰，采用循环结构和子程序结构可以减小程序容量，节省内存。

4. 充分利用累加器

累加器作为数据处理与传递的核心枢纽，在汇编语言编程中扮演着至关重要的角色，众多汇编指令的设计均紧密围绕其展开。在程序执行过程中，尤其是在调用子程序时，累加器常被用作传递参数的关键通道，这种设计简化了参数传递的复杂性。值得注意的是，在常规情况下，调用子程序时累加器的值不会被自动压入堆栈以保护其原有内容，这是为了提高程序执行效率。然而，若子程序的执行可能影响到累加器中的关键数据，从而需要保护其原始值，开发者应当采取预防措施：在调用子程序之前，先将累加器中的内容手动保存至其他安全的寄存器单元中，以确保在子程序执行完毕后能够恢复累加器的原始状态，从而维护程序的正确性和数据的完整性。

5. 精心设计主要程序段

在程序设计过程中，对关键程序段的精心设计与优化是至关重要的一环，因为这样的努力往往能够带来事半功倍的效果。具体而言，即便是微小的改进，如在一个重

复执行数百次的循环体内精简掉两条不必要的指令，或是减少每次循环所需的机器周期，其累积效应也是不可忽视的。以循环执行 100 次为例，每多出的两条指令或两个机器周期，在整个循环过程中就意味着额外执行了 200 条指令或耗费了 200 个机器周期，这种累积的额外开销会显著拖慢整个程序的运行速度，降低程序的执行效率，因此，开发者应当高度重视对主要程序段的优化工作，通过精细设计与调试，力求每一行代码、每一次操作都能达到最优状态，从而确保程序的整体性能达到最佳。

6. 对于中断要注意保护和恢复现场

在中断处理机制中，确保程序能够正确且高效地响应外部事件至关重要。每当中断发生时，首要任务是妥善保护现场，即保存好所有相关寄存器及标志寄存器的当前状态，以防中断服务程序执行过程中意外覆盖这些关键数据。待中断服务程序执行完毕，退出前，则必须恢复现场，即将之前保存的寄存器值重新加载，确保中断前后程序的上下文环境一致。

在程序设计领域，常提及的"时间"与"空间"概念是衡量程序质量的重要标尺。简而言之，一个高质量的程序不仅应追求执行时间的最小化，减少不必要的延迟，还应力求内存占用的最优化，避免不必要的资源消耗。同时，程序的结构需逻辑严谨、层次清晰，采用合理的数据结构，以便于后续的维护与阅读。尤为关键的是，程序必须具备良好的健壮性，即无论在实际应用中面临何种工作条件，都能稳定运行，不出现非预期的行为。

对于复杂度较高的程序设计项目而言，除了上述基本要求，还特别强调程序的可读性和可靠性。可读性意味着代码应当易于理解，便于团队成员之间的交流与合作；而可靠性则要求程序在各种极端情况下都能保持正确的行为，减少故障发生的可能性。因此，在复杂程序设计中，充分考虑并平衡这些因素，是确保项目成功实施的关键所在。

二、汇编语言源程序的汇编过程

汇编过程是将汇编语言源代码转化为计算机可直接执行的机器语言指令的关键步骤。这一转换确保了用汇编语言精心编写的程序能够被计算机准确识别并高效执行。汇编工作可细分为手工汇编与机器汇编两种方式。手工汇编，作为一种历史方法，涉及先编写汇编程序，随后依据单片机的指令集手册，逐条将汇编指令手动翻译成对应的机器码。然而，鉴于其效率低下且易出错，手工汇编现已极少采用。

相反，机器汇编成了主流实践。在机器汇编过程中，汇编语言源程序被输入计算机，随后由专门的汇编软件自动处理。这些软件不仅负责查找并生成每条汇编指令对应的机器码，还具备强大的错误检测能力，能够识别并报告源程序中的语法错误和逻辑问题。此外，它们还能执行地址分配任务，确保程序中的地址引用准确无误。汇编软件最终生成两种关键文件：一是机器码文件，该文件包含了可直接被单片机等开发装置加载执行的指令集；二是列表文件，用于打印输出，便于开发者查阅与调试。单片机的汇编过程示意如图 2-2 所示。

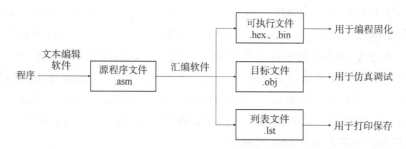

图 2 - 2 单片机的汇编过程示意

（一）伪指令

为了简化汇编语言源程序的编写与汇编过程，MCS - 51 系列单片机指令系统中引入了一类特殊指令，即伪指令。这些伪指令不直接对应机器语言的实际执行操作，而是为汇编器提供了关于程序结构和数据布局的重要信息。伪指令的主要用途包括但不限于为程序明确指定起始地址和结束标记，以便汇编器能够合理地组织代码和数据，定义并分配存储单元给特定的数据块或表格常数，确保它们在内存中的正确位置，以及为字节数据或复杂的表达式赋予易于理解和引用的字符名称（标签），从而增强程序的可读性和可维护性。

尽管伪指令在汇编过程中扮演着不可或缺的角色，但它们本身并不产生目标代码（机器语言指令），也不会影响最终程序的执行效率或功能。这是因为伪指令本质上是一种汇编器的指令，而非微处理器的指令集的一部分。汇编器在处理源程序时，会识别并解析这些伪指令，根据它们提供的信息来构建目标代码，但在生成的目标文件中，伪指令的内容并不会以任何形式出现。因此，伪指令是汇编语言编程中一种高效且灵活的工具，它们使得程序员能够以更直观、更结构化的方式来表达程序意图。下面介绍一些常用的伪指令。

1. 起始地址 ORG 伪指令

格式说明：

ORG 16 位地址

功能描述：

ORG 伪指令用于指定程序段或数据块在内存中的起始地址。在汇编过程中，当汇编器遇到 ORG 伪指令时，它会将紧随其后的第一条指令（或数据定义）的首字节机器码定位到由该 ORG 伪指令指定的 16 位地址所表示的存储单元内。随后的指令或数据字节将连续地存入该起始地址之后的存储单元中，直到遇到下一个 ORG 伪指令或程序结束。

使用特点：

在一个汇编语言源程序中，ORG 伪指令可以被多次使用，以定义不同程序段或数据块的起始位置。

使用 ORG 伪指令时，所指定的地址应当遵循从小到大的顺序排列，且地址空间不允许重叠，以确保程序和数据在内存中的正确布局。

ORG 伪指令本身不产生任何机器代码，它只是告诉汇编器接下来代码的存放位置。

示例解析：

ORG 1000H

START：MOVA，#55H

；... 其他指令或数据

在这个示例中，ORG 1000H 指令指示汇编器将标签 START 标记的程序段（从 MO-VA，#55H 这条指令开始）的起始地址设置为 1000H。因此，MOVA，#55H 这条指令及其后续的所有指令或数据定义，在汇编成机器代码后，将从内存地址 1000H 开始连续存放。这种方式允许开发者精确控制程序和数据在内存中的布局，对于需要精确内存管理的嵌入式系统编程尤为重要。

2. 汇编结束 END 伪指令

格式：

END

功能：

END 伪指令用于标识汇编语言源程序中汇编过程的结束位置。在 END 伪指令之后的任何语句或代码将不会被汇编器处理成机器代码。这对于清晰地界定程序的边界非常重要，尤其是在包含多个程序段（如主程序和多个子程序）的复杂源程序中。尽管程序可能由多个逻辑部分组成，但整个源文件中只能有一个 END 伪指令，以明确指示汇编的终止点。

使用特点：

END 伪指令通常位于汇编语言源程序的最后，紧跟在所有需要被汇编成机器代码的指令之后。

汇编器在遇到 END 伪指令时，会停止汇编过程，忽略该指令之后的所有内容。

在一个汇编语言源程序中，END 伪指令是唯一的，它确保了程序的完整性和汇编过程的准确性。

尽管 END 伪指令之后的内容不会被汇编，但在某些情况下，开发者可能会在这些区域放置注释、文档或其他说明性文本，以便于程序的维护和理解。

注意事项：

当源程序包含多个程序段（如主程序和子程序）时，需要确保整个源文件中只有一个 END 伪指令，并且该指令位于所有需要被汇编的代码之后。

在某些汇编环境中，END 伪指令可能还用于指定程序的入口点（尽管这不是 END 伪指令的直接功能），但通常这是通过其他机制（如特定的段定义或入口点标签）来实现的。然而，END 伪指令的主要作用是标识汇编过程的结束。

3. 赋值 EQU 伪指令

格式：

字符名　EQU　数据或汇编符号

功能：EQU 将该指令右边的值赋给左边的"字符名"。

汇编过程中，EQU 伪指令被汇编程序识别后自动将 EQU 后面的"数据或汇编符号"赋给左边的"字符名"。该"字符名"被赋值后，既可用作一个数据，也可用作一个地址。

4. 数据赋值 DATA 伪指令

格式：字符名 DATA 表达式

功能：DATA 伪指令的作用是将右侧表达式的计算结果赋给左侧的字符名，这一功能与 EQU 伪指令相似，但在使用上有所不同。主要区别体现在以下两点：

使用顺序的灵活性：与 EQU 伪指令相比，DATA 伪指令允许开发者先引用字符名，再对其进行定义。这意味着 DATA 语句可以灵活地放置在程序的任何位置，包括开头、中间或结尾，只要保证在首次使用字符名之前已经定义了它即可。这种灵活性使得程序的组织更加多样化，适应不同的编程风格和需求。

赋值对象的限制：EQU 伪指令能够将一个汇编符号（如寄存器名 R0）直接赋给一个字符名称，这在处理寄存器重命名或简化寄存器访问时非常有用。然而，DATA 伪指令则不支持这种操作，它主要通过计算表达式的结果来定义数据值或地址，并将这些值赋给字符名。因此，在需要定义常量数据或内存地址时，DATA 伪指令是更合适的选择。

虽然 DATA 和 EQU 伪指令在功能上有所重叠，但它们在使用顺序和赋值对象上存在显著差异。DATA 伪指令以其灵活的使用顺序和专注于数据/地址定义的特点，在汇编语言编程中扮演着重要的角色。开发者可以根据具体的编程需求和风格选择合适的伪指令，以编写出高效、易读的汇编代码。

5. 定义字节 DB 伪指令

DB 伪指令在汇编语言编程中用于在程序存储器中定义字节数据。通过在源程序中指定起始地址（通常通过 ORG 伪指令给出），DB 伪指令能够将紧随其后的 8 位数据或数据表按照指定的顺序依次存储到内存单元中。这些数据可以是二进制、十进制、十六进制数，或是 ASCII 码字符，各数据项之间使用逗号分隔。

例如，考虑以下汇编代码片段：

ORG 1000H

TAB：DB 48H，100，11000101B，D，6，–2

在这段代码中，ORG 1000H 指令指定了接下来的数据或指令将从内存地址 1000H 开始存放。紧接着的 DB 伪指令定义了一个名为 TAB 的数据表，其中包含了一系列数据。这些数据按照它们在 DB 伪指令中出现的顺序被存储，即首先存储 48H，然后是 100（十进制数，汇编器会将其转换为相应的十六进制数 64H），接着是 11000101B（二进制数，转换为十六进制为 C5H），之后是字符 D 和 6 的 ASCII 码值（分别为 44H 和 36H），最后是 –2 的补码表示（在 8 位二进制补码系统中，–2 表示为 FEH）。

因此，当这段源程序被汇编后，程序存储器从地址 1000H 开始将依次存储这些值：48H、64H、C5H、44H、36H、FEH。这种方式使得开发者能够在程序中直接嵌入所需的字节数据，无论是用于初始化变量、定义查找表，还是其他需要固定数据序列的场景。

6. 定义字 DW 伪指令

DW 伪指令在汇编语言编程中用于在程序存储器中定义字数据，即每次定义两个字节的数据。与 DB 伪指令类似，DW 伪指令也允许开发者在源程序中指定数据的起始地址（通常通过 ORG 伪指令给出），但不同的是，DW 伪指令处理的是 16 位数据单元。

使用 DW 伪指令时，可以定义单个 16 位数据或多个连续的 16 位数据表。每个 16 位数据的存放顺序遵循 "高 8 位在前、低 8 位在后" 的原则，这是符合大多数计算机体系结构的字节序（大端字节序）。

以下是一个示例：

ORG 2000H

TAB：DW 345DH，45H，–2，BC

在这段代码中，ORG 2000H 指定了接下来的数据将从内存地址 2000H 开始存储。紧接着的 DW 伪指令定义了一个名为 TAB 的数据表，包含了一系列 16 位数据。这些数据按照它们在 DW 伪指令中出现的顺序，以及高 8 位在前、低 8 位在后的原则被存储。

具体来说，345DH 会被拆分为 34H 和 5DH，并按顺序存储；45H 作为一个 16 位数，其低 8 位为 45H，高 8 位默认为 00H（因为单字节数在 DW 中扩展为 16 位时，高位用 0 填充）；–2 的 16 位补码表示是 FFFEH，但由于汇编器可能根据上下文将其截断为低 16 位（尽管在这种情况下，FFFEH 的低 16 位仍然是它本身），所以实际上存储的是 FFH 和 FEH；最后，BC 表示字符 B 和 C 的 ASCII 码值，即 42H 和 43H。

然而，需要注意的是，对于 45H 这个例子，如果汇编器严格遵循 DW 的定义，它实际上会存储 0045H 而不是仅仅 45H，因为 DW 要求定义的是 16 位数据。但按照提供的示例和常见理解，我们假设这里是为了简化说明而省略了高位的 00。

因此，当这段源程序被汇编后，从程序存储器地址 2000H 开始，将依次存储 34H、5DH、00H、45H（对于 45H 的完整表示）、FFH、FEH（–2 的补码）、42H、43H。但请记住，对于 45H 的情况，实际存储的应该是 0045H。此外，关于 –2 的补码，如果考虑的是 16 位补码，则直接存储的就是 FFFEH 的低 16 位，即 FFH 和 FEH，与示例一致。

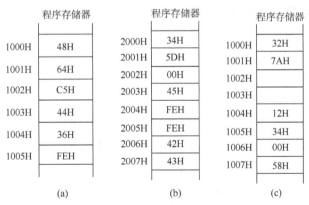

图 2–3　DB、DW、DS 伪指令的应用实例

（a）DB 伪指令的应用；（b）DW 伪指令的应用；（c）DS 伪指令的应用

7. 定义存储空间 DS 伪指令

DS 伪指令在汇编语言编程中用于在程序存储器中预留一定数量的字节空间，这些空间通常作为备用或填充使用，不直接存储数据。预留的字节数由 DS 伪指令后的表达式决定。这种方式允许开发者在程序布局中灵活地控制内存的使用，为未来的扩展或特定的内存对齐需求预留空间。

以下是一个使用 DS 伪指令的示例：

ORG 1000H

DB 32H，7AH；在地址 1000H 和 1001H 分别存储 32H 和 7AH

DS 02H；从地址 1002H 开始预留 2 个字节的空间，不存储任何数据

DW 1234H，58H ；紧接着，从地址 1004H 开始存储 1234H（12H 和 34H，高字节在前）和 58H（扩展为 0058H 存储）

当这段源程序被汇编后，程序存储器的布局将如下所示：

从地址 1000H 开始，依次存入 32H 和 7AH。

紧接着，从地址 1002H 开始，不存储任何数据，而是预留了 2 个字节的空间作为备用。

然后，从地址 1004H 开始，继续存储 1234H，由于 DW 伪指令定义的是字数据，因此 1234H 被拆分为 12H 和 34H 并按高字节在前的顺序存储。随后存储的是 58H，由于 DW 伪指令要求两个字节，所以 58H 被扩展为 0058H 存储，但通常汇编器只会存储必要的字节，即这里的 00H 可能不会被显式存储（取决于具体的汇编器和上下文），但重要的是理解 58H 是作为字数据的一部分被考虑的。

需要注意的是，关于 58H 的存储，实际上在大多数上下文中，如果它是紧接着一个 DW 伪指令指令给出的，汇编器会知道它是字数据的一部分，并且如果前面没有足够的数据来形成一个完整的字，它可能会在前面填充一个 00H（或者根据具体的字节序和汇编器行为来决定填充的位置）。但在本例中，由于前面有 DS 02H 预留了空间，所以 58H 及其可能的扩展直接跟在 1234H 之后存储。

8. 位地址赋值 BIT 伪指令

BIT 伪指令在汇编语言中用于将特定的位地址分配给左侧的字符名，使得开发者可以通过这个字符名来引用和操作那个特定的位。这种方式在需要直接访问和操作硬件寄存器中的单个位时非常有用，比如在微控制器编程中控制特定的引脚状态。

以下是一个使用 BIT 伪指令的示例：

ORG 1000H

X1 BIT 30H；定义字符名 X1，它代表位地址 30H 处的位

X2 BIT P1.1 ；定义字符名 X2，它代表 P1 端口的第 1 位（假设 P1.1 是有效的位地址表示方式）

START：

MOV C，X1；将位地址 30H 处的位值移动到进位标志 C 中

MOV X2，C；将进位标志 C 的值移动到 P1 端口的第 1 位（X2 代表的位）

;... 其他指令

然而，值得注意的是，并非所有的汇编器都直接支持 BIT 伪指令。在一些环境中，如果汇编器没有提供 BIT 伪指令，开发者可能需要使用 EQU 伪指令来间接实现相同的功能。使用 EQU 伪指令时，需要将具体的位地址（可能是通过计算得出的）赋予字符名。但需要注意的是，直接使用位地址时要确保该地址是有效的，并且符合目标硬件的寻址方式。

对于上述示例中的 X2，如果汇编器不支持 BIT P1.1 这样的直接位地址表示，且 P1.1 没有预定义的地址（或者开发者不知道这个地址），那么开发者可能需要查找相关的硬件文档来确定 P1.1 的确切位地址，并使用 EQU 伪指令来定义它。但是，如果 P1.1 已经有一个明确的、汇编器可识别的地址（比如在这个假设的例子中我们不知道它具体是多少，但假设它是 91H 的一部分，这通常不是实际情况，因为位地址通常不会这样表示），那么可以像下面这样使用 EQU 伪指令：

;假设 P1.1 的位地址可以通过某种方式计算或查找到是 91H 中的某一位（这里仅为示例，不代表现实情况）

;注意：实际上，位地址不会直接以这种方式给出，这里仅用于说明如何使用 EQU 伪指令

X2 EQU 91H;但这样写是不正确的，因为 91H 是一个字节地址，而不是位地址

;正确的做法应该是找到 P1.1 的确切位偏移，并使用位操作指令来访问它

然而，上面的 EQU 伪指令用法是错误的，因为 91H 是一个字节地址而不是位地址。在实际应用中，开发者需要根据具体的硬件文档和汇编器支持来确定如何正确地引用和操作位地址。通常，这涉及使用位操作指令（如位设置、位清除、位取反等）来访问和操作特定的位，而不是直接通过 EQU 伪指令或 BIT 伪指令来"定义"位地址（尽管 BIT 伪指令在某些汇编器中确实用于此）。

（二）源程序的汇编过程

手工汇编是一个将汇编语言源程序转换为机器码的过程，它要求开发者直接参与地址分配、机器码查找以及偏移量计算等步骤。以下是一个详细的手工汇编过程，以某个具体的汇编语言源程序为例：

原始汇编程序

```
ORG 1000H
SUM DATA 1FH
LEN DATA 20H
MOV R0, #20H
MOV R1, LEN
CJNE R1, #00H, NEXT
HERE: SJMP HERE
NEXT: CLR A
```

```
LOOP：INC R0
ADD A，@ R0
DJNZ R1，LOOP
MOV SUM，A
SJMP HERE
END
```

步骤一：确定地址与机器码分配

首先，从程序起始地址 1000H 开始，为每条指令分配地址，并查找对应的机器码。同时，保留源程序中出现的标号和符号名称的实际地址或值。

地址 机器码 汇编源程序

1000H　78 MOV R0，#20H

1002H　A9 MOV R1，LEN　；注意这里 LEN 是符号，实际地址将在后续步骤中确定

1004H　B9 00 CJNE R1，#00H，NEXT　；NEXT 是跳转目标，偏移量暂用 00 占位

1007H　80 SJMP HERE

1009H　E4 CLR A

100AH　08 INC R0

100BH　26 ADD A，@ R0

100CH　D9 DJNZ R1，LOOP　；LOOP 是跳转目标，偏移量暂用 00 占位

100EH　F5 MOV SUM，A　；SUM 是符号，实际地址将在后续步骤中确定

1010H　80 SJMP HERE

步骤二：计算偏移量并替换符号

接下来，计算相对转移指令的偏移量，并用实际的偏移量值替换占位符，同时用实际的数值或地址替换符号名。

偏移量的计算基于目标地址与当前指令下一条指令地址之差，并考虑指令长度。

rel1 = [1009H - (1004H + 3)] 补 = 02H　；NEXT 的实际地址是 1009H，当前指令长度 3 字节

rel2 = [1007H - (1007H + 2)] 补 = [-2] 补 = 0FEH　；HERE 到自身的偏移

rel3 = [100AH - (100CH + 2)] 补 = [-4] 补 = 0FCH　；LOOP 的实际地址从 INC R0 开始计算偏移

rel4 = [1007H - (1010H + 2)] 补 = [-11] 补 = 0F5H　；HERE 的实际地址是 1007H

同时，将 LEN 和 SUM 替换为它们的实际值（已知为 1FH 和 20H，但注意 SUM 在这里作为目的地址，应为 1FH）：

地址 机器码 汇编源程序（替换后）

```
1000H  78MOV R0, #20H
1002H  A9 20 MOV R1, #20H  ；LEN 替换为 20H
1004H  B9 00 02  CJNE R1, #00H, NEXT
1007H  80 FE SJMP HERE
1009H  E4CLR A
100AH  08INC R0
100BH  26ADD A, @ R0
100CH  D9 FC DJNZ R1, LOOP
100EH  F5 1F MOV [1FH], A  ；SUM 作为目的地址，假设 SUM 的值 (1FH) 即
```
为存储位置
```
1010H  80 F5 SJMP HERE
```

注意：在上面的替换中，对于 MOV SUM，A 指令的处理做了一些假设，因为通常 SUM 会被定义为一个符号地址，而不是直接作为数据存储位置。如果 SUM 确实代表一个内存地址，那么上述替换是合理的，但通常我们会用标签或伪指令来定义这样的内存位置，并在汇编过程中保留其地址供后续引用。这里的处理是为了符合手工汇编过程的演示需要。在实际编程中，我们应确保指令和数据的地址分配符合硬件和汇编器的要求。

第二节 典型结构程序设计举例

任何复杂的程序都可由 3 种基本结构程序组成，分别是顺序结构程序、分支结构程序、循环结构程序（图 2 - 4）。下面分别介绍这 3 种典型结构程序设计。

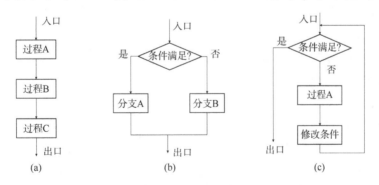

图 2 - 4 3 种基本程序结构
（a）顺序结构；（b）分支结构；（c）循环结构

一、顺序结构程序设计

顺序结构程序执行时严格遵循指令序列，从第一条指令开始逐一执行，直至程序

结束。这种简单的结构是构建更复杂程序逻辑的基础。下面通过两个例子来详细说明顺序结构程序在编程中的应用。

例1：计算两个4位 BCD 码数的和

题目要求计算分别存储在21H、20H 单元和31H、30H 单元中的两个4位十进制数的和，并将结果存储在41H、40H 单元中。由于 BCD 码加法涉及进位调整，程序需从低位开始逐位相加，并在每次加法后进行 BCD 调整。

编程思路概述：首先加低字节，调整 BCD 码，存储结果低位；然后加高字节，包括低位加法产生的进位，再次调整 BCD 码，存储结果高位。

参考程序：

```
ORG 0100H
MOV A, 20H；加载第一个数的低位
ADD A, 30H；与第二个数的低位相加
DA A   ；BCD 调整
MOV 40H, A；存储结果的低位
MOV A, 21H；加载第一个数的高位
ADDC A, 31H  ；与第二个数的高位相加，并加上低位加法产生的进位
DA A   ；BCD 调整
MOV 41H, A；存储结果的高位
END
```

例2：二进制数转换为非压缩型 BCD 码

将内部 RAM 40H 单元中的二进制数转换为3位非压缩型 BCD 码，并存储在50H、51H、52H 单元中（高位在前）。非压缩型 BCD 码意味着每位 BCD 数占用一个字节。

编程思路概述：通过连续除以100和10来分离出个位、十位和百位，并分别存储。

参考程序：

```
ORG 0050H
HEXBCD: MOV A, 40H；将待转换的二进制数加载到 A
MOV B, #100；设置除数100
DIV AB；A 除以100，商存 A（百位），余数存 B
MOV 50H, A；存储百位
MOV A, #10；设置除数10
XCH A, B；将余数（十位和个位）与除数10交换，余数现在 A 中，除数在 B 中
DIV AB；A 再除以10，商存 A（十位），余数存 B（个位）
MOV 51H, A；存储十位
MOV 52H, B；存储个位
END
```

这两个例子展示了顺序结构在解决具体问题时的应用，通过一系列有序的指令完成特定的数据处理任务。

二、分支结构程序设计

在实际编程中，程序流程很少是线性的，而是需要根据特定条件来决策执行路径，这样的程序称为分支程序。分支程序的核心在于包含条件转移指令，这些指令根据条件是否满足来决定程序的下一步走向。在 MCS – 51 单片机中，有多种条件转移指令用于实现分支逻辑，如 JZ（零标志置位跳转）、JNZ（零标志未置位跳转）、CJNE（比较不相等则跳转）、DJNZ（减一后不为零则跳转）、JC（进位标志置位跳转）、JNC（进位标志未置位跳转）、JB（位被置位则跳转）、JNB（位未被置位则跳转）等。合理选择和运用这些指令对于编写高效、逻辑清晰的分支程序至关重要。

例3：我们面临的任务是比较内部 RAM 中 20H 和 21H 两个单元存储的无符号数的大小，并将较大值存入 20H 单元，较小值存入 21H 单元。这个问题可以通过多种例3：其中一种高效的方式是利用减法操作后的进位标志作为判断条件。具体来说，可以从两个数中任选一个作为被减数，另一个作为减数进行减法操作，然后根据减法结果是否产生借位（进位标志的状态）来判断两个数的大小。如果进位标志未置位，说明被减数大于等于减数；反之，则被减数小于减数（图 2 – 5）。

采用这种方法，我们可以设计出一个分支程序，其流程大致如下：首先，将 20H 单元的内容减去 21H 单元的内容；然后，根据减法操作后的进位标志状态，使用条件转移指令来决定是将 20H 的内容（可能未改变，如果它原本就较大）保留在 20H 并将 21H 的内容移动到 21H（实际上可能不需要移动，但保持逻辑清晰），还是将两者交换以确保 20H 存储较大值，21H 存储较小值。通过这样的流程设计，可以有效地实现题目要求的功能。

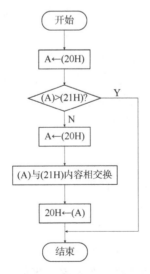

图 2 – 5　例 3 程序流程

三、循环结构程序设计

在程序设计中，当我们遇到需要重复执行一系列操作以处理数据或完成特定任务时，循环结构成了不可或缺的编程范式。这种结构旨在解决有规律且重复出现的问题，通过循环程序的设计，可以显著减少代码量，提升程序的清晰度、执行效率和空间利用率。

循环结构程序通常由四个关键部分组成，每一部分都扮演着至关重要的角色：

循环初始化程序段：作为循环程序的起点，此部分负责执行循环前的所有准备工作，包括但不限于初始化循环计数器、设置数据地址指针以及为运算变量赋予初始值。这些初始设置为后续循环的顺利进行奠定了基础。

循环处理程序段：位于循环程序的核心位置，也被称为循环体。该段包含了需要重复执行的具体操作，是对数据进行实际处理的关键环节。为了优化程序性能，循环体的编写应力求简洁高效，避免不必要的冗余代码。

循环控制程序段：此部分负责监控循环的执行过程，包括更新循环计数器和数据指针的值，以及检测循环是否达到结束条件。通过条件转移指令，循环控制程序段能够智能地判断何时终止循环，确保程序按预期执行。循环控制中的修改变量和条件检测机制是循环能够持续或终止的关键。

循环结束程序段：当循环结束后，此部分代码将被执行，用于处理循环后的结果输出、资源释放或其他必要的清理工作。这是循环程序逻辑完整性的重要体现。

在循环程序的设计上，存在两种主要的模式：一种是"先处理后判断"的模式，即无论循环条件是否满足，循环体至少会执行一次；另一种是"先判断再处理"的模式，该模式下，如果初始条件不满足，循环体可能根本不会执行。选择哪种模式取决于具体的应用场景和需求，设计时应根据实际情况灵活选择，以达到最优的程序性能和逻辑清晰度（图2-6）。

在循环程序设计中，根据循环次数是否明确，我们可以将循环程序划分为次数已知的循环程序和次数未知的循环程序两大类。对于次数已知的循环程序，常采用计数器控制法，这种方法在循环开始前就确定了循环的总次数，并将该次数存储在计数器中。随着循环的每一次执行，计数器的值会相应减小，当计数器的值减至零时，循环结束。这种控制机制通常借助"DJNZ"指令来实现，因为它能够同时完成计数和条件判断两项任务。

例4：我们需要对内部RAM从41H地址开始的20个无符号数进行求和，并将结果存放在40H单元中（假设求和结果不超过255）。由于求和操作需要重复执行，且重复次数（数的个数）已知为20次，因此这是一个典型的次数已知的循环程序。我们可以设计一个循环，使用"DJNZ"指令来控制循环的结束。在这个程序中，我们会采用先执行求和操作再进行条件判断的结构，即先累加当前指向的数到累加器中，然后判断计数器的值是否已减至零。如果未减至零，则继续循环；否则，将累加器中的和存入40H单元，循环结束。这种设计方式使得程序流程清晰，易于理解和维护，同时确保了求和操作的正确性和高效性（图2-7）。

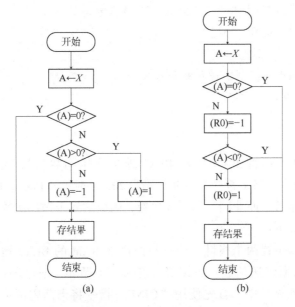

图 2-6　两种循环程序

（a）先处理后判断；（b）先判断再处理

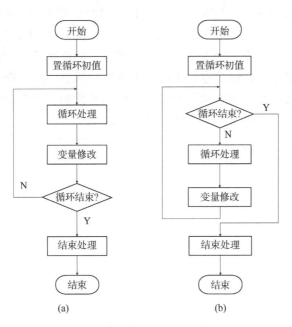

图 2-7　例 4 的程序流程

参考程序如下：

ORG0100H

CLRA；清累加器

MOVR7，#14H　；给循环计数器 R7 赋初值

MOVR0，#41H　；设数据指针 R0 指向存储区首地址

LOOP：ADD　A，@R0；求和

INCR0；指向下一个地址单元

DJNZ　R7，LOOP　；判断循环是否结束

MOV40H，A；存累加结果

SJMP $

END

例 5：我们需要将内部 RAM 中从 BLK1 地址开始的数据块传送到外部 RAM 的 BLK2 区域，且当遇到空格字符（其 ASCII 码为 20H）时停止传送。由于传送的停止条件依赖于数据内容本身，而非固定的循环次数，因此这属于循环次数未知的循环程序。

编程思路概述如下：

首先，我们需要设置两个指针，分别指向内部 RAM 的 BLK1 地址和外部 RAM 的 BLK2 地址，作为数据传送的起点。接着，进入一个循环，该循环采用"先判断后处理"的结构。在每次循环中，首先使用"CJNE"指令将当前内部 RAM 指针指向的数与空格字符的 ASCII 码（20H）进行比较。如果两者不相等，说明当前字符不是空格，应继续传送，即将该字符从内部 RAM 复制到外部 RAM 的对应位置，并递增两个指针以指向下一个待传送的字符。如果"CJNE"指令判断结果为两者相等，则说明遇到了空格字符，此时不需要执行复制操作，而是直接退出循环，结束数据传送。

整个程序的流程设计应紧密围绕上述思路展开，确保在遇到空格字符时能够准确停止传送，同时保证数据在传送过程中的完整性和正确性。由于循环的结束条件依赖于数据内容，因此无法通过简单的计数器来控制循环次数，而是必须依靠条件判断指令（如"CJNE"）来实现循环的灵活控制（图 2 - 8）。

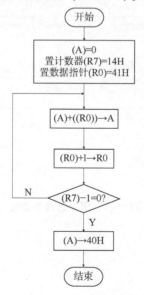

图 2 - 8　例 5 的程序流程

参考程序如下：

```
ORG0100H
MOVR0，#BLK1   ；设数据指针 R0 指向数据块的首地址 BLK1
MOVDPTR，#BLK2   ；设数据指针 DPTR 指向存储区的首地址 BLK2
XH：MOVA，@R0   ；取数据
CJNE   A，#20H，CON；是否为空格字符
SJMP   JS
CON：MOVX   @DPTR，A   ；数据传送
INCR0；修改数据指针
INCDPTR
SJMP   XH；循环控制
JS：SJMP   $
END
```

对循环程序是否结束的判断也可采用"SUBB"与"JZ"指令共同完成，程序可修改为以下程序：

```
ORG0100H
MOVR0，#BLK1   ；设数据指针 R0 指向数据块的首地址 BLK1
MOVDPTR，#BLK2   ；设数据指针 DPTR 指向存储区的首地址 BLK2
XH：CLRC
MOVA，@R0   ；取数据
MOVR7，A   ；暂存数据
SUBB   A，#20H；判是否为空格字符
JZ JS
MOVA，R7   ；恢复数据
MOVX   @DPTR，A；数据传送
INCR0
INCDPTR
SJMP   XH；循环控制
JS：SJMP   $
END
```

四、子程序设计

在单片机系统的程序设计中，为了提高代码的可重用性、简化程序结构并促进程序的模块化，开发者常常会将那些频繁执行且功能相对独立的运算或操作封装成子程序。这些子程序，作为程序的基本构建块，能够完成特定的任务，如基础的数学运算（加减乘除）、数据格式转换，以及常用的延时功能等。通过将这类通用性功能单独编制成子程序，单片机程序的不同部分或同一程序的不同阶段便可以通过简单的调用指

令来执行这些预定义的操作，而无须在每个需要的地方重复编写相同的代码。

当主程序或任何其他程序段需要执行某个特定操作时，只需发出一条调用指令，程序便会跳转到相应的子程序中执行所需的操作。一旦子程序完成其任务，它将通过特定的返回指令返回到调用点，使得主程序或调用程序能够继续其后续的执行流程。这种子程序结构不仅简化了程序的复杂度，还大大方便了程序的调试、维护以及不同开发者之间的代码共享与交流。通过模块化设计，单片机程序的每个部分都变得更加清晰，易于理解和重用，从而提高了整个系统的开发效率和可靠性。

（一）子程序调用与返回

在子程序设计中，每个子程序的第一条指令的地址被特别指定为入口地址，这是程序跳转进入子程序执行的起点。为了确保能够准确跳转到该地址，入口地址前必须定义一个标号，这个标号通常选择能够直观反映子程序功能或操作的名称，如求平方的子程序可能使用"SQR"作为标号，而延时子程序则可能命名为"DELAY"。这样的命名约定有助于提高程序的可读性和维护性。

当需要在主程序中执行子程序时，会插入调用指令"ACALL"或"LCALL"。这两条指令不仅负责将子程序的入口地址加载到程序计数器中，实现跳转，而且在跳转之前会自动将主程序的当前执行地址（断点地址）压入堆栈中保存起来。这一步骤至关重要，因为它确保了主程序在子程序执行完毕后能够准确地恢复到被中断的点继续执行，从而保护了程序的执行流程不被破坏。

在子程序的末尾，会放置一条返回指令"RET"。当子程序完成其任务后，执行RET指令会从堆栈中弹出之前保存的断点地址，并将其送回到程序计数器中。这样，程序就能从子程序返回到主程序或其他调用者处，继续执行后续的代码。

值得注意的是，子程序在执行过程中还可以根据需要调用其他子程序，这种调用方式称为子程序嵌套或多重转子。通过调用，子程序可以实现更复杂的程序逻辑和功能组合，进一步提高了程序的灵活性。然而，调用也需要注意堆栈的使用情况，以避免堆栈溢出等潜在问题。

（二）参数的现场保护

在程序执行过程中，当需要转入子程序，特别是中断服务子程序时，确保程序的上下文（现场）不被意外修改是至关重要的。这要求主程序在执行子程序前所依赖的内部RAM区域、工作寄存器、累加器A、数据指针以及程序状态字等特殊功能寄存器的当前值，在子程序执行期间必须得到妥善保护，以防被子程序中的操作所覆盖或修改。

如果子程序的设计中使用了与主程序相同或可能发生冲突的寄存器，那么在进入子程序之前，必须采取必要的现场保护措施。一种常见的做法是利用堆栈来保存这些关键寄存器的当前值。具体来说，就是将要保护的寄存器单元的内容压入堆栈中暂存，这样即使子程序对这些寄存器进行了操作，也不会影响到主程序原本的状态。

当子程序执行完毕，准备返回主程序时，需要执行恢复现场的操作。这一步骤涉及将从堆栈中弹出的数据重新加载到它们原先的工作单元中，从而确保主程序在继续执行时能够恢复到调用子程序之前的状态。通过精心设计的现场保护和恢复机制，可以保证程序的稳定性和可靠性，避免因寄存器冲突或状态不一致而导致的问题。

（三）主程序与子程序的参数传递

在子程序调用过程中，确保主程序与子程序之间有效且准确的信息交换是至关重要的。为了实现这一点，双方需要遵循明确的参数传递规则。具体而言，当主程序准备调用一个子程序时，它应当预先将调用所需的参数（入口参数）放置在双方约定的特定位置，这些位置可以是内部 RAM 的某个区域、特定的寄存器或者是通过其他通信机制指定的地方。子程序在执行时，会从这些约定的位置读取所需的参数，以完成其特定的任务或计算。

同样地，在子程序完成其操作并准备返回到主程序之前，它也需要将处理结果（出口参数）放置到双方事先约定的位置。这些结果可能包括计算结果、状态标志或者是其他任何主程序可能需要的信息。通过这样的约定，当子程序执行完毕后返回主程序时，主程序就能够从这些指定的位置读取到所需的结果，从而实现了主程序与子程序之间的有效参数传递。

参数传递是子程序调用过程中不可或缺的一环，它确保了主程序与子程序之间能够顺畅地进行数据交换和信息共享。通过精心设计的参数传递机制，可以使得程序结构更加清晰、逻辑更加严密，同时提高了程序的复用性和可维护性。因此，在编写子程序及其调用代码时，必须给予参数传递过程充分的重视和细致的设计。参数传递大致可分为以下三种方法。

1. 利用工作寄存器 R0～R7 或者累加器 A 实现参数传递

在编写程序以实现特定功能时，如果某个操作（如求平方）需要被多次执行，为了提高代码的重用性和效率，通常会将这些操作封装成子程序。以"用程序实现 $c = a^2 + b^2$"为例，其中 a 和 b 均为小于 10 的数，分别存储在内存地址 21H 和 22H 中，而结果 c 则存储在 20H 单元。由于程序中两次用到了求平方的运算，因此将求平方的操作设计为一个独立的子程序 SQR，以便在主程序中重复调用。

以下是一个参考程序的详细说明：

程序首先设置了堆栈指针的初始值（如 50H），这是为了确保在调用子程序时，堆栈能够正常工作以保存主程序的断点地址。随后，程序从 21H 单元取出 a 的值，并通过 ACALL SQR 指令调用求平方的子程序 SQR 来计算 a^2。计算完成后，将结果暂存于 20H 单元。接着，程序从 22H 单元取出 b 的值，并再次调用 SQR 子程序来计算 b^2。之后，将 b^2 的值与先前暂存的 a^2 相加，得到最终结果 c，并将其存储在 20H 单元中。最后，程序通过 SJMP $ 指令进入无限循环状态。

对于求平方的子程序 SQR，其实现方式略有不同，这里采用了查表法来加速计算。首先，通过 INC A 指令对输入值 A 进行修正（尽管在这个特定例子中修正可能并不直接必要，但可能是为了适配查表逻辑）。然后，使用 MOVC A，@ A + PC 指令从紧跟在子程序末尾的平方表 TAB 中根据 A 的值查找对应的平方值。查找完成后，通过 RET 指令返回主程序。平方表 TAB 包含了 0 到 9 的平方值，以便快速查找。

整个程序的优点在于结构清晰、代码重用性高，且通过查表法求平方提高了计算速度。然而，这种方法的缺点在于传递的参数数量有限，且查表法可能不适用于所有情况，特别是当输入范围较大时，需要更大的表来存储结果，从而增加了内存的消耗。

2. 利用指针寄存器实现参数传递

在单片机编程中，高效地处理数据是至关重要的。当数据存储在数据存储器中时，使用指针来指示数据的位置是一种常见且有效的方法，这不仅可以减少数据传送的工作量，还能增加运算的灵活性。对于内部 RAM 中的数据，R0 和 R1 通常被用作指针寄存器；而对于外部 RAM 或程序存储器中的数据，数据指针则更为适用。

在参数传递过程中，如果数据量较大或结构复杂，直接传递数据本身可能会占用大量的处理时间和存储空间。相反，通过指针寄存器传递数据的地址，可以极大地提高效率。调用子程序结束后，如果需要处理结果，也只需通过指针寄存器访问相应的数据地址。

这种方法的优点在于其高效性和简洁性，通过指针和循环结构，程序能够灵活地处理不同长度的数据，同时保持代码的清晰和可维护性。

3. 利用堆栈实现参数传递

在单片机编程中，堆栈是一种重要的资源，它允许程序在执行过程中临时存储数据，特别是在子程序调用和参数传递时。当主程序需要调用子程序并传递参数时，可以通过 "PUSH" 指令将参数压入堆栈中。子程序执行时，可以通过寄存器间接寻址方式访问堆栈，取出所需的参数进行处理，并在返回主程序之前将处理结果再次压入堆栈。主程序随后使用 "POP" 指令从堆栈中取出子程序返回的结果。

在设计和使用堆栈时，必须仔细管理堆栈指针的值，以确保堆栈操作的正确性和堆栈空间的有效利用。在调用子程序时，除传递的参数外，断点地址（子程序调用指令后的下一条指令地址）也会被自动压入堆栈，占用额外的堆栈空间。因此，在子程序返回时，堆栈指针必须被正确调整，以指向断点地址，从而实现程序的正确跳转。

这种通过堆栈传递参数和接收结果的方式，虽然需要额外的堆栈操作指令，但它提供了灵活且通用的参数传递机制，特别适用于参数数量不固定或参数类型复杂的情况。然而，开发者必须确保堆栈操作的正确性，以避免堆栈溢出或数据损坏等问题。

第三节　C51 的函数

一、C51 的常用控制语句

C51 语言，作为专为 8051 系列单片机设计的一种结构化编程语言，其编程范式遵循结构化编程的原则。在 C51 程序中，模块是构成程序的基本单元，每个模块内部组织均为一系列逻辑清晰、功能明确的基本结构。这些基本结构是 C51 程序设计的基石，它们确保了程序的逻辑性和可读性。

（一）if 语句

在实际编程解决问题时，经常需要根据不同的条件来决定程序的执行路径，这种根据条件选择不同执行流程的结构被称为选择结构程序。在汇编语言中，这种选择逻辑通常通过条件转移指令来实现，根据条件标志（如零标志、进位标志等）的状态来决定是否跳转到特定的代码段执行。

而在 C51 这样的高级编程语言中，选择结构的实现变得更加直观和灵活。C51 提供了 if 语句作为实现选择结构的主要手段之一。if 语句的基本结构非常简洁明了：它首先评估一个表达式，如果该表达式的值为真（非零），则执行紧随其后的语句块（由大括号 {} 包围）；如果表达式的值为假（零），则跳过该语句块，继续执行 if 语句之后的代码。

值得注意的是，C51 不仅支持这种最基本的 if 语句形式，还提供了三种形式的 if 语句来适应不同的编程需求：

基本的 if 语句：如上所述，仅当条件表达式为真时执行特定语句块。

if - else 语句：这种形式的 if 语句在条件表达式为真时执行一个语句块，如果条件为假，则执行另一个 else 分支下的语句块。它提供了在条件不满足时执行备选路径的能力。

多级 if - else 语句：在一个 if 语句内部还可以包含另一个或多个 if 语句，形成嵌套结构。这种结构允许根据多个条件的组合来决定程序的执行路径，增加了程序的灵活性。

通过合理运用这些形式的 if 语句，C51 程序员可以设计出能够根据不同条件执行不同逻辑路径的程序，从而有效地解决实际问题。

1. 基本的 if 语句

在 C51 编程中，if 语句是一种基本的控制流语句，用于根据给定的条件表达式来决定是否执行特定的代码块。if 语句的格式为

if（表达式）{

语句；

}

其执行流程可以概括为单片机首先对条件表达式的值进行判断。如果表达式的值为"真"（非零），则执行大括号 {} 内的语句体；如果表达式的值为"假"（零），则跳过该语句体，继续执行 if 语句之后的代码。

以下是一个具体的例子：

if（P1 ！ =0）{

a ＝10；

}

在这个例子中，P1 是一个假设存在的变量或端口地址，它代表某种状态或值。条件表达式 P1 ！ =0 用于检查 P1 的值是否不等于 0。如果 P1 的值确实不等于 0（条件为真），则执行大括号内的语句 a ＝10；，将变量 a 的值设置为 10。如果 P1 的值等于 0（条件为假），则不执行 a ＝10；这条语句的程序继续执行 if 语句之后的代码。

这种根据条件选择性地执行代码的能力，使得 if 语句在单片机编程中非常有用，特别是在需要根据外部输入或内部状态变化来改变程序行为时。

2. if－else 语句

格式：

if（表达式）

{语句 1；}

else

{语句 2；}

其执行流程如图 2－9 所示。单片机对条件表达式的值进行判断，若为"真"，则执行语句体 1，若为"假"，则执行语句体 2。

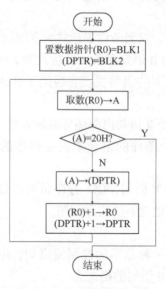

图 2－9　if 语句的执行流程

例如：

if（P1！=0）

｛a=10；｝

else

｛a=0；｝

3. 多级 if－else 语句

在 C51 或 C 语言中，if－else if－else 语句链的格式和执行流程如下所述，但首先我们需要纠正您示例中的条件表达式错误。在您的示例中，使用了赋值操作符 = 而不是比较操作符 = =，并且 $P1^0 = 0$ 这样的表达式在语法上是错误的，因为赋值操作不能出现在条件表达式中。

正确的 if－else if－else 语句链格式和执行流程如下：

格式：

if（表达式1）

｛

语句1；

｝

else if（表达式2）

｛

语句2；

｝

else if（表达式3）

｛

语句3；

｝

// ... 可以继续添加更多的 else if 分支

else

｛

语句 n；

｝

执行流程：

单片机按照顺序对 if－else if－else 语句链中的每个条件表达式进行判断。如果某个条件表达式为真（非零），则执行与该条件表达式对应的语句块，并退出整个 if－else if－else 语句链，不再对后续的条件表达式进行判断。如果所有的条件表达式都不为真（假），则执行 else 后面的语句块（如果存在的话）。else 和对应的语句块是可选的，但如果不使用它们，当所有条件都不满足时，程序将直接跳过整个 if－else if－else 语句链，继续执行后续的代码。

纠正后的示例：

请注意，$P1^0$、$P1^1$ 等表达式可能不是用户想要的实际逻辑，因为^是按位异或操作符。但基于用户的原始意图（可能是想要检查 P1 是否等于某个值），这里将使用 = = 进行比较。

if （P1 = =0）

｛a =0；｝

else if （P1 = =1）

｛a =1；｝

else if （P1 = =2）

｛a =2；｝

else

｛a =0×ff；｝

在这个纠正后的示例中，如果 P1 的值等于 0，则 a 被赋值为 0；如果 P1 的值不等于 0 但等于 1，则 a 被赋值为 1；以此类推。如果 P1 的值既不等于 0 也不等于 1，又不等于 2，则 a 被赋值为 0×ff。这是通过 if－else if－else 语句链实现的条件判断逻辑。

（二）switch 语句

C 语言中的 switch 语句提供了一种便捷的方式来处理多分支选择结构，使得代码更加清晰和易于管理。其基本形式如下：

switch （表达式）

｛

case 常量表达式 1：语句组 1；break；

case 常量表达式 2：语句组 2；break；

// ... 可以包含多个 case 分支

case 常量表达式 n：语句组 n；break；

default：语句组 n +1；

｝

switch 语句的执行流程是这样的：首先，计算 switch 语句中表达式的值，然后依次将这个值与各个 case 标签后的常量表达式的值进行比较。当表达式的值与某个 case 标签后的常量表达式的值相匹配时，程序就执行该 case 标签下的语句组。执行完该语句组后，如果遇到 break 语句，则会立即跳出 switch 语句，继续执行 switch 语句之后的代码。如果在某个 case 分支的语句组中没有遇到 break 语句，程序将不会退出 switch 语句，而是继续执行下一个 case 分支的语句组，这种现象被称为"穿透"。

如果表达式的值与所有 case 标签后的常量表达式都不匹配，则程序会执行 default 标签下的语句组（如果存在的话）。default 标签是可选的，用于处理那些没有匹配到任何 case 标签的情况。

因此，在编写 switch 语句时，正确地使用 break 语句至关重要，以防止程序逻辑出现意外的"穿透"现象。遗忘了 break 语句可能会导致程序执行不符合预期的操作，进而引入难以调试的错误。

(三) while、do while 和 for 语句

1. while 语句

while 语句用来实现当型循环结构，其基本格式如下 (图 2 – 10):

while (表达式)

{循环体}

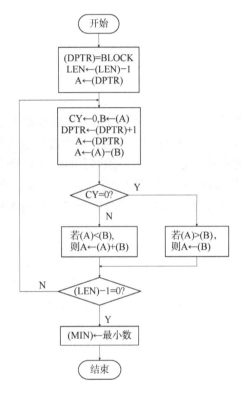

图 2 – 10 while 语句执行流程

2. do while 语句

关于循环结构的描述，需要澄清一点：while 循环的执行流程并非基于"表达式是否为真"的直接判断来启动循环，而是基于表达式的值在每次循环开始前进行判断。如果表达式的值为真（非零），则执行循环体内的语句；如果表达式的值为假（零），则终止循环，继续执行 while 循环之后的代码。这里提到的"真"与"假"是针对条件表达式的布尔值而言，而不是泛指表达式的任意非零值。

对于 while 循环的示例：

while ((P1 & 0 ×10) = =0)

{

i + + ;

}

这个循环会一直执行, 直到端口 P1 的第 5 位 (从 0 开始计数) 变为 1 为止。如果循环条件始终为真 (P1 的第 5 位始终保持为 0), 循环将持续进行, 形成 "忙等待" 或 "空转" 循环。特别地, 在单片机 C51 程序设计中, while (1) 是一种常见的用法, 表示一个无限循环, 因为条件表达式 1 永远为真。

接下来是关于 do – while 循环的描述:

do – while 语句用于实现 "直到型" 循环结构, 确保循环体内的语句至少被执行一次, 再根据表达式的值决定是否继续循环。其基本格式如下:

do
｛
// 循环体
｝
while (表达式);

其执行流程: 首先执行一次循环体内的语句, 然后判断表达式的值。如果表达式的值为真 (非零), 则再次执行循环体内的语句, 这个过程会重复进行, 直到表达式的值为假 (零) 为止, 此时循环终止, 程序继续执行 do – while 循环之后的代码。

do – while 循环与 while 循环的主要区别在于, do – while 循环至少会执行一次循环体, 而 while 循环可能在条件表达式首次判断时就为假, 从而不执行任何循环体内的语句 (图 2 – 11)。

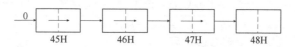

图 2 – 11   do – while 语句执行流程

例如:

do
｛
i + ;
｝ while (P1^0 = 0);

3. for 语句

for 语句在 C51 程序设计中确实是非常常用且灵活的循环控制结构。它不仅能够简洁地表达循环的逻辑, 还能在一条语句中同时包含循环控制变量的初始化、循环条件的判断以及循环控制变量的更新, 从而使得代码更加紧凑和易于理解。

for 语句的基本格式如下:

for (表达式 1; 表达式 2; 表达式 3)
｛
// 循环体
｝

其中,

表达式 1：用于循环控制变量的初始化。它只在循环开始前执行一次，用于设置循环开始前控制变量的初始值。

表达式 2：循环条件表达式。在每次循环开始前都会对其进行评估。如果表达式的值为真（非零），则执行循环体内的语句；如果为假（零），则退出循环。

表达式 3：循环控制变量的增值表达式。在每次循环体执行完毕后执行，用于更新循环控制变量的值，为下一次循环条件的判断做准备。

与 while 语句类似，for 语句也是"当型"循环结构，即它会在每次循环开始前检查循环条件是否满足。如果满足，则执行循环体；如果不满足，则退出循环。不过，for 语句通过其紧凑的格式和强大的功能，提供了更高的灵活性和表达力，使得它既可以用于循环次数已知的情况，也可以用于循环次数不确定但需要明确初始化、条件和更新步骤的场景。

for 语句的执行流程：首先执行表达式 1 进行初始化；然后检查表达式 2 的条件是否为真；如果为真，则执行循环体内的语句；执行完毕后，执行表达式 3 更新循环控制变量的值；接着再次检查表达式 2 的条件，如此往复，直到表达式 2 的条件为假时退出循环（图 2 - 12）。

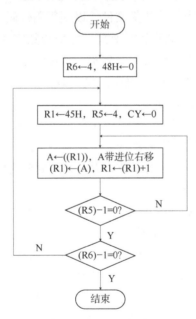

图 2 - 12　for 语句执行流程

二、C51 程序的基本构成

C51 程序的结构遵循 C 语言的基本框架，同时针对 8051 单片机进行了特定的扩展和优化。程序由函数组成，其中至少包含一个主函数 main（），作为程序的入口点，类似于汇编语言中的主程序。此外，还可以包含多个功能函数，这些函数可以被 main（）函数或其他功能函数调用，以实现特定的任务，类似于汇编语言中的子程序。

C51 程序的编写通常从预处理命令开始，这些命令用于包含头文件、定义宏等。接着是函数声明和变量定义部分，用于说明程序中将要使用的函数和变量。之后是程序的核心——函数体，包括 main（）函数和各种功能函数。

在 main（）函数中，程序执行开始，并可能调用其他函数来执行具体的任务。这些功能函数可以是 C51 编译器提供的标准库函数，也可以是用户根据需要自定义的函数。通过函数间的相互调用，我们可以构建出结构清晰、功能明确的程序。

从给出的示例程序 example. c 中，我们可以看到 C51 源程序的一些典型特点：

函数集合：C51 源程序是由多个函数组成的集合，其中 main（）函数是唯一的入口点。其他函数作为辅助，实现特定的功能。

变量作用域：程序中使用的变量必须先声明后使用。全局变量可在程序的任何位置被访问，而局部变量则仅限于声明它们的函数内部。

书写格式自由：C51 源程序的书写格式相对自由，语句可以跨行书写，也可以在一行内编写多条语句。但每条语句的末尾都必须以分号结束。

注释：程序中的注释使用/ *... */格式，用于提高代码的可读性。

头文件：通过#include 语句，我们可以将常用的函数声明、宏定义等包含在一个头文件中，然后在需要的地方引入这些头文件，以便复用代码。

模块化编程：将程序分解成多个小函数，每个函数完成单一的任务，有助于提高程序的模块化程度，使程序更易于编写、理解、调试和维护。

这种结构化的编程方式使得 C51 程序不仅高效，而且具有良好的可读性和可维护性，非常适合于单片机系统的开发。

三、函数的分类及定义

从用户使用的角度来看，C51 的函数可以清晰地划分为两类：标准库函数和用户自定义函数。

标准库函数是 C51 编译器预先定义并提供的一套函数集合，用户无须自行编写这些函数，只需在程序中通过#include 预处理指令包含相应的头文件，即可直接调用这些函数。例如，reg51. h 头文件包含了针对 8051 单片机的特殊功能寄存器定义，使得用户可以直接通过寄存器名访问单片机的硬件资源。

而用户自定义函数则是根据程序的具体需求，由用户自行编写的函数。这些函数必须在使用前进行定义，定义了函数的返回类型、函数名、形式参数（包括它们的类型）以及函数体。函数体内部可以定义局部变量，并包含完成特定功能的语句。用户自定义函数的一般形式如下：

函数类型 函数名（形式参数表）

{

局部变量定义；

函数体语句；

return（返回值）；// 对于有返回值的函数

}

"函数类型"指定了函数返回值的类型,可以是基本数据类型(如整型、字符型、浮点型)或指针类型,甚至可以是 void 类型,表示函数不返回任何值。

"函数名"是用户为函数指定的唯一标识符。

"形式参数表"列出了函数调用时需要传递的参数及其类型。如果函数不接受任何参数,则参数表为空,但仍需保留圆括号。

"局部变量定义"是在函数体内部声明的变量,其作用域仅限于该函数内部。

"函数体语句"是实现函数功能的语句集合。

如果函数需要返回值给调用者,则必须使用 return 语句,且返回值的类型必须与函数声明的返回类型一致。对于 void 类型的函数,则不需要(也不允许)使用 return 语句返回任何值,但可以使用 return;来提前退出函数。

以下是一个用户自定义函数的简单示例,它演示了如何定义一个字符型函数,该函数接受两个整型参数,计算它们的和,并返回和的字符表示(假设和不会超过字符型变量的范围):

```
char fun1 (int x, int y) /* 定义一个 char 型函数 */
{
char z; /* 定义函数内部的局部变量 */
z = (char) (x + y); /* 函数体语句,注意类型转换 */
return z; /* 返回函数的值 z */
}
```

在这个例子中,函数 fun1 计算两个整数的和,并将结果转换为 char 类型后返回。注意,这里假设了整数和不会超过 char 类型的表示范围,在实际应用中需要根据实际情况考虑类型转换的合理性和安全性。

四、函数的说明与调用

在 C51 程序设计中,与变量使用相似,调用函数之前通常需要对函数进行说明,特别是当函数定义位于调用点之后时。函数说明的目的是提前告知编译器函数的类型、名称以及它接收的参数类型,以便编译器能够正确地进行类型检查和参数匹配。函数说明的一般形式:类型标识符 被调用的函数名(形式参数表);需要注意的是,函数说明以分号(;)结束,以区别于函数定义。

如果某个函数在主调用函数之前已经被定义,那么在该主调用函数中直接调用该函数时无须再进行额外的函数说明。然而,如果函数定义位于调用点之后,或者为了增强代码的可读性和可维护性,建议在调用前进行函数说明。

C51 程序中的函数支持相互调用,这极大地增加了程序的灵活性。函数调用的一般形式:函数名(实际参数表)。其中,"函数名"指的是被调用的函数,"实际参数表"则是一组与函数定义中的形式参数表相对应的变量或表达式,它们的作用是将具体的值传递给被调用函数中的形式参数。在调用时,必须确保实际参数与形式参数在个数、类型以及顺序上严格一致，以避免编译错误或运行时错误。

函数的调用方式主要有三种：

函数语句：在这种调用方式中，函数本身作为一个独立的语句执行，其返回值（如果有的话）通常被忽略。例如：fun ()；

函数表达式：在这种方式中，函数调用作为表达式的一部分，其返回值被用于表达式中。例如：result $=5 \times$ fun1 (a，b)；这里，fun1 (a，b) 的返回值被乘以 5 后赋给变量 result。

函数参数：在这种高级用法中，一个函数的返回值被用作另一个函数的参数。例如：result = fun1 [fun1 (a，b)，c]；这里，fun1 (a，b) 的返回值被用作 fun1 函数的另一个调用的参数，最终的结果赋值给 result。这种调用方式展示了函数调用的嵌套和灵活性。

第三章
单片机系统的语言

第一节 汇编语言与汇编的概念

一、汇编语言与汇编的概念

用于程序设计的语言可以分为机器语言、汇编语言和高级语言三种。

（一）机器语言

机器语言，作为计算机科学的基础概念之一，是计算机可以直接理解和执行的一种编程语言。它采用的是二进制代码形式，每一个指令都是由一系列特定的 0 和 1 组成的，这些代码精确对应计算机硬件的操作指令。例如，加载数据到内存、进行算术运算、逻辑判断、控制程序流程等操作，都可以通过特定的二进制代码来实现。

使用机器语言编程时，程序员需要对计算机的底层硬件有深入理解，因为每一种计算机可能都需要特定的机器语言代码，即不同的计算机可能有不同的机器语言指令集。这导致了机器语言的高度定制性，也意味着程序员在不同类型的计算机之间移植程序会面临巨大的挑战。

尽管机器语言使计算机直接执行变得高效和灵活，但它也存在一些明显的缺点。首先，机器语言代码难以阅读和编写，因为它缺乏人类可理解的结构和语义。其次，由于机器语言与具体的硬件平台紧密相关，因此具有极高的平台依赖性，不便于程序的移植和跨平台运行。最后，一旦机器语言程序出现错误，很难通过人类可理解的方式进行定位和调试，错误排查过程复杂且耗时。

（二）汇编语言

汇编语言，作为计算机编程的一种早期形式，是在高级编程语言出现之前广泛使用的。它通过使用助记符指令以及伪指令等元素来编写程序，这些元素相对容易理解和记忆，同时允许程序员以人类可读的方式编写指令，进而转换为计算机能够执行的机器语言。虽然汇编语言比机器语言更为易读且便于人类处理，但是它仍需要经过汇编程序的翻译，将源程序转换成目标程序——可以直接由 CPU 执行的二进制代码形式。

汇编语言拥有以下特点：

①面向机器：汇编语言高度依赖于特定的计算机硬件架构，因此，设计或修改汇编语言程序需要对所针对的计算机体系结构有深入了解。这种强耦合性使得汇编语言程序的移植性和兼容性较差，通常只能运行于其最初编译的目标硬件上。

②效率高：由于直接映射到机器指令，汇编语言编写的程序通常具有较高的运行效率。它们占用的存储空间较小，执行速度相对较快，特别适合用于编写性能敏感或需要严格优化的应用程序，比如操作系统核心部分或者实时系统中的关键模块。

③直接控制硬件：汇编语言提供了低级控制，能够直接操作内存、I/O 设备和其他硬件资源，从而实现精细的硬件管理。它允许程序员进行微调以实现特定的硬件功能，比如中断处理、直接内存访问等。

④通用性限制：汇编语言和机器语言都是特定硬件的直接表示，缺乏通用性。这意味着，即使程序在不同类型的计算机上执行，也需要重新编译以适应不同处理器架构的指令集，增加了维护和跨平台开发的复杂度。

（三）高级语言

高级语言是一种旨在简化编程复杂性的计算机语言，其特点包括面向过程和问题，以及具备一定的通用性，并且能够独立于特定的机器硬件运行。高级语言的设计借鉴了人类的自然语言和数学表达方式，使得程序员可以更高效、清晰地描述算法和逻辑。常见的高级语言有 BASIC、FORTRAN、COBOL、PASCAL、VB 和 C 等。这些语言的共同优点在于通用性强、直观性好、易于学习和理解，同时具备良好的可读性，降低了代码的维护难度。

尽管高级语言因其易用性和高效性而在大多数软件开发中占据了主导地位，但对于一些对性能和内存资源有着极高要求的特殊应用场景，如实时操作系统、嵌入式系统、高性能计算等，汇编语言仍然扮演着不可或缺的角色。例如，在使用 C51 或 PL/M 进行基于 MCS – 51 单片机的程序设计时，尽管高级语言提供了丰富的库函数和便捷的编程环境，但在追求极致的执行效率和资源利用效率时，汇编语言则展现出其无可替代的优势。通过直接控制 CPU 的指令集，汇编语言能够精确优化代码，显著减少程序的空间占用和提高执行速度，满足那些对性能要求极为苛刻的应用需求。

此外，在直接控制硬件的操作，如数据采集、设备驱动、低层通信协议处理等场合，汇编语言提供了一种与硬件紧密交互的手段，使得程序员能够实现高度定制化的功能，这是高级语言难以达到的。因此，对于那些需要深入硬件细节，或者在性能、资源占用等方面有严格要求的应用，熟练掌握汇编语言编程成了单片机程序设计中的一项基本技能。

二、汇编语言源程序的格式

汇编语言源程序是由人类利用汇编语言进行编写并创建的程序代码集合。这类程序并非计算机可以直接理解并执行的。因此，在汇编语言源程序转化为实际能够运行的指令之前，需要经过一个被称为汇编的过程，将源程序翻译成与特定计算机架构相匹配的机器语言代码。这个过程的顺利进行依赖于程序员对于汇编语言的深刻理解并严格遵守其语法规定。

在设计汇编语言程序时，遵循一定的格式和语法规定是至关重要的。这包括但不限于正确使用寄存器、存储器的地址表示方法，按照指令集体系结构的规范来编写指令序列，以及合理组织程序结构以确保程序的逻辑性和可读性。只有当程序设计遵循这些严格的规则时，编译器或者自动生成的汇编工具才能准确无误地将源程序转换为机器语言代码，使得计算机能够理解并执行这些指令，从而实现预期的功能。

汇编语言源程序有两种类型的语句：指令性语句和伪指令语句。

（一）指令性语句

在对 MCS – 51 微控制器的编程过程中，编写的指令性语句在通过汇编程序进行编译时，会转化为对应的机器代码。这一转化过程是将抽象、易于理解和记忆的高级语言指令转换为低级、具体操作硬件指令的步骤。每一个在高级语言层面的指令性语句，比如设置寄存器值、进行算术运算、读写存储器等操作的描述，都需要被准确地映射到 MCS – 51 芯片能够直接理解和执行的具体指令上。这一过程不仅涉及对 MCS – 51 指令集的深入理解，还要求程序员具备良好的逻辑分析能力，确保每个语句都能被精确且高效地解释和执行。最终生成的机器代码是 MCS – 51 微控制器能够直接读取和执行的二进制指令序列，直接控制着硬件资源的使用，实现程序的功能需求。

（二）伪指令语句

伪指令，作为汇编语言中的一种特殊的指示性语句，主要功能在于辅助汇编过程，指导编译器如何处理特定的代码段或者整个程序。它们并非像普通的指令那样直接生成可执行的机器代码，而是提供了关于如何组织和管理内存、初始化变量、定义宏等操作的指令集。例如，伪指令可以用来声明数据段、堆栈段的位置，定义常量，或者进行符号定义等。这些伪指令的存在使得汇编过程更加灵活和可控，帮助开发者更高效地管理资源和优化程序结构。尽管伪指令本身不直接产生机器代码，但它们对于构建完整、运行高效的机器代码至关重要，是汇编过程中不可或缺的一部分。

（三）MCS – 51 的汇编语言格式

在汇编语言中，一条完整的语句按照标准的四分段格式进行组织：

1. 标号段

标号段是语句的唯一标识符，通常在程序执行时引用它来访问或执行相应的指令。

2. 操作码段

操作码段是执行实际操作的核心部分，代表了处理器需要执行的具体操作类型。

3. 操作数段（可选）

操作数段（可选）包含了操作对象的值，这些值可以是立即数、寄存器名、存储单元地址等。

4. 注释段（可选）

注释段（可选）用于提供代码的解释性说明，对程序员具有帮助，且不会影响程序的执行。

四分段格式的分隔规则如下：

①标号段与操作码段之间使用"："分隔；

②操作码段与操作数段之间用空格来划分；

③若存在多个操作数，它们之间用"，"进行分隔；

④操作数段与注释段之间用"；"隔开。

需要注意的是，在四分段中，操作码段是必需的，而其他三段可以根据具体情况选择是否包含。这样的结构设计旨在使汇编语言的代码清晰并易于阅读和理解，同时方便编译器进行解析和生成目标代码。

（四）基本语法规则

1. 标号段

标号段是汇编语言指令中的重要组成部分，它标记了指令在内存中的位置。标号段的设计遵循以下几个关键规则：

①标号段是由字母或数字组成的字符串，且必须以字母开始，长度通常限制在8个字符以内。这有助于提高代码的可读性和可维护性。

②在标号段后面紧跟着的符号是"："。这个"："明确地将标号段与后续的指令部分相分离，使得编译器能够准确识别指令的起始位置。

③对于同一个程序内的不同部分，不允许出现相同的标号段。每个标号段在程序的整个生命周期内应该是唯一的，这样可以确保引用指令的准确无误，避免混淆和错误。

④标号段不能与任何指令助记符相同，指令助记符是表示具体运算或操作的特定词汇。为了避免与这些预定义的符号冲突，程序设计时应确保标号段的独特性和合理性。

遵循这些规则，有助于构建结构清晰、易于理解和维护的汇编代码，同时能确保编译过程顺利无误。

2. 操作码段

在汇编语言编程中，操作码段扮演着核心角色，它是指令执行的直接指令部分，包含着具体的机器语言指令信息，比如"MOV"用于移动数据，"ADD"用于加法运算，"NOP"则通常代表无操作。除了这些用于执行实际逻辑的操作码，汇编语言还支持伪指令操作码，例如"ORG"用于指定代码区的起始地址，"END"则标记源程序的结束。这些伪指令虽然不直接影响实际的数据操作，但在组织和管理程序结构方面发挥着关键作用。

操作码段是汇编语言结构中的重要部分，它决定了程序如何在硬件层面被解释和执行。在汇编过程中，编译器通过解析源代码中的操作码段，将其转换为对应机器语言的二进制指令序列，这一过程是生成最终可执行程序的基础。因此，操作码段不仅定义了要执行的指令类型和操作，而且指导了程序在目标计算机上的运行方式和行为，使得程序员能够在低级别的硬件层面精细控制程序的执行流程。

3. 操作数段

在汇编语言编程中，操作数的表示是一个关键概念，涉及如何精确地引用程序所需的内存地址或数值。操作数可以通过多种方式表示，包括数字、字母符号以及特定的寄存器名称，具体取决于需要进行的操作类型。

操作数可以采用十六进制、二进制或十进制的形式表示。十六进制形式因其简洁且易于读取二进制表示的优点，在汇编语言中最为常用。在十六进制表示后面加上"H"后缀来明确标识这一表示形式。当使用二进制表示时，通常在后缀加上"B"；而十进制数则可以不加后缀或仅使用"D"作为后缀，但不使用此标识时也应确保上下文明确指出其为十进制数，以免与十六进制数混淆。

在特定情况下，如果十六进制数的表示以大写字母 A 至 F 开始，通常会在其前加一个"0"来避免与程序中的标号相混淆。这样的处理确保了在汇编过程中，编译器能够正确地区分操作数和可能存在的同名标号。

操作数还可以通过寄存器名称来表示。在处理器架构中，常见的工作寄存器，如累加器（A）、程序计数器（PC）、状态寄存器（SP）等，都有其特定的名称。这些寄存器不仅可以直接通过名称引用，有时也通过其内存地址来表示，特别是当需要访问它们的内部状态或执行特定类型的运算时。

此外，汇编语言中还存在特殊的操作数表示方式。例如，对于一些转移类指令，可能会在操作数段中使用符号"＄"来表示该指令的目标地址所在的存储单元地址。这种方式使得程序员能明确指令的目的地，简化了其对代码的编写过程。

4. 注释段

在编程和汇编语言开发中，注释是提高代码可读性和维护性的关键元素。注释主要用于解释指令或程序逻辑的意图，使后续查看代码的人能够迅速理解代码的功能和实现方式，这对于团队协作和代码长期维护尤其重要。注释应该包含关键的决策点、算法描述、复杂的逻辑判断、代码块的功能说明以及其他有助于理解代码结构和流程的信息。

在汇编语言中，注释通常以"；"开始，并在其后跟随注释文本。值得注意的是，注释段不会被编译或转换成实际的机器指令，因此它们不会影响最终程序的执行结果。这意味着注释可以自由而详尽地撰写，而不必担心占用宝贵的代码空间或引入错误。

在书写注释时，应遵循以下原则：

①清晰性：注释应当简洁明了，直接阐述代码的功能或意义。

②一致性：在整个项目中保持注释风格的一致性，便于理解和查找。

③及时性：在代码发生变化时，应及时更新相关的注释，以保持注释内容与代码逻辑的一致性。

④可读性：尽量使用自然语言进行注释，避免过于技术性或专业术语，确保非相关专业的开发者也能理解。

⑤完整性：重要的逻辑步骤、边界条件、异常处理等都应该有相应的注释说明。

三、伪指令

伪指令和指令是汇编语言编程中的两种基本概念，它们在功能和作用上存在显著差异。伪指令，作为汇编过程中的控制手段，虽然看似是真正的机器指令，但其本质并非执行任何实际的硬件操作。相反，它们是在汇编器层面进行解释和处理的特殊指令，用于对汇编过程进行各种配置、对符号赋予特定值或定义标签位置等高级功能。这些特性使得伪指令成为汇编阶段中的重要工具，用来简化代码的编写、管理内存地址和提高代码的可维护性。

值得注意的是，伪指令仅存在于源代码文件中，在经过汇编器处理后，它们会转化为具体的目标代码（机器代码）。这个转化过程中，汇编器会根据伪指令的指示来修改目标代码的结构或内容，例如调整内存布局、生成特定的初始化指令或是对某些宏展开进行优化等。然而，最终生成的机器代码中不会包含任何原始的伪指令文本，所有的伪指令都在汇编过程中被有效转换或执行，从而生成了独立于汇编语言本身的实际可执行机器指令序列。

在 MCS –51 的汇编语言中，常用的伪指令如下。

（一）ORG 的指令

在汇编语言编程中，ORG 是一种非常重要的伪指令，它被用来指定源程序或数据块的起始地址。这一指令对于汇编过程至关重要，因为它告知汇编器从哪个地址开始放置程序代码或数据。

ORG 的指令通常出现在源代码的最开始，或在程序的不同部分需要重新定位时。比如：

ORG 3000H

这条 ORG 的指令明确地告诉汇编器，后续的程序代码将从地址 3000H 开始存放。这意味着汇编器在处理后续的指令和数据定义时，会从 3000H 地址开始分配存储空间。

紧接着 ORG 的指令之后的代码通常包括各种操作码、数据定义等，这些都将按照 ORG 指定的位置进行存放。例如：

START：MOV A，#12H

这里，START 标号被设定为 3000H 地址，并且执行了一个简单的数据移动指令 MOV A，#12H，这将在汇编后的二进制代码中以 3000H 开始的位置存放。

重要的是汇编器在处理多个程序段时，必须遵循 ORG 伪指令规定的地址递增规则。也就是说，如果程序中有多个 ORG 伪指令，那么每个 ORG 伪指令所指定的地址必须从小到大排列，地址之间不能出现重叠。

如果源程序中没有明确的 ORG 伪指令，通常默认的起始地址是 0000H。这表明在没有特别指定的情况下，汇编器会默认将程序从地址 0000H 开始存放。

（二）　END 伪指令

在汇编语言编程中，END 伪指令是一个非常关键的标记，标志着源程序汇编工作的结束。它的存在不仅是语法上的强制要求，更是逻辑上对程序边界的一个明确界定。当汇编器遇到 END 伪指令时，会停止继续执行汇编过程，意味着所有后续的代码不会被编译成目标代码。

一个源程序中只允许存在一个 END 伪指令，并且通常被放在程序的最后位置。这个位置极为重要，因为在 END 之后的所有指令都会被忽略，不会参与到最终的目标代码生成过程中。这就确保了程序结构的完整性，避免了意外代码的生成，从而提高了程序的稳定性和可预测性。

此外，END 伪指令的使用也强化了程序组织的逻辑清晰度。开发人员可以通过在 END 前后审视程序结构，检查是否有遗漏的部分或者错误的指令，从而有效提高程序的质量和可靠性。

（三）　DB 伪指令

指令格式：［标号：］DB8 位二进制数表；

DB 伪指令的功能是从标号指定的地址单元开始，定义若干个 8 位内存单元的内容。

例如：

ORG 3000H

TABL：DB 30H，31H，32H，33H，34H；0 ~ 4 的 ASCⅡ码

汇编后：（3000H）= 30H，（3001H）= 31H，（3002H）= 32H，（3003H）= 33H，（3004H）= 34H。

（四）　DW 伪指令

在汇编语言编程中，DW 是一个十分重要的伪指令，它用于定义一系列的 16 位二进制数据，并将这些数据按照指定的地址进行存放。DW 伪指令的用法灵活，可以定义单个或多个 16 位数的数据块。

例如，考虑以下汇编代码：

ORG 3010H

TAB：DW 1234H，5678H，2010H

这里的 ORG 伪指令指定了数据段的起始地址为 3010H。接下来的 TAB 定义了一个标签，表示接下来要存放的数据块将由这个标签所指引。然后，DW 伪指令用来声明数据块并指定数据内容。

具体到这段代码，DW 伪指令被用来声明三个 16 位数据点，其值分别是 1234H、5678H 和 2010H。按照 DW 伪指令的工作方式，每个 16 位数会被分解为两部分：高 8

位和低 8 位。因此，1234H 会被分解为 12H 和 34H，以此类推。

根据这一规则，汇编后的内存布局如下：

（3010H）=12H，即高字节部分。

（3011H）=34H，即低字节部分。

（3012H）=56H，即高字节部分。

（3013H）=78H，即低字节部分。

（3014H）=20H，即高字节部分。

（3015H）=10H，即低字节部分。

这样，我们就从地址 3010H 开始，连续定义了六个 16 位数据项，并确保了它们按高字节、低字节的顺序存放。这种组织方式对于构建特定的内存映射结构或者填充特定的数据区域时特别有用。

（五）EQU 伪指令

在汇编语言编程中，EQU 伪指令是一个非常关键的概念，它允许程序员将一个数值或符号常量与一个标识符关联起来。通过使用 EQU，程序员能够给一个标识符（通常称为变量名称）赋予一个固定的值。这使得在程序中可以方便地引用这个值，而无须每次都直接输入原始的数值或符号常量。

EQU 伪指令的使用具有一定的限制。首先，变量名称不能与汇编语言中的任何指令助记符相同，因为后者已经被分配特定的功能。其次，只有在对变量进行赋值之后才能使用该变量。这意味着在定义变量之前尝试使用它会引发错误。最后，一旦通过 EQU 定义了变量的值，这个值就成了固定不变的引用点，可以在程序的其他部分作为数据地址、代码地址、位地址或者是立即数来使用。

（六）BIT 伪指令

在汇编语言编程中，BIT 伪指令是一个用于位操作的重要工具。它允许程序员将一个特定的位地址关联一个标识符（通常被称为"变量名称"）。通过使用 BIT，程序员可以在程序的不同部分轻松地引用这个位地址，从而简化了代码的结构，并增加了其可读性和可维护性。

BIT 伪指令的具体使用格式如下：

变量名称 BIT 位地址

这里的变量名称是程序员自定义的标识符，用来代表具体的位地址。位地址则是指程序内部实际对应的位，通常是十六进制形式表示的一个地址。一旦定义了一个 BIT 伪指令，程序员就可以在程序中使用这个标识符来访问或操作与之关联的位地址。

四、源程序的汇编

汇编语言源程序"翻译"成机器代码（指令代码）的过程称为汇编。汇编可分为手工汇编和机器汇编两种。

（一）手工汇编

在传统的手工汇编过程中，确实会经历一个较为烦琐且易出错的过程，特别是涉及相对转移指令的处理。首先，为了创建指令与机器码之间的映射关系，需要进行第一次汇编，这一阶段的主要任务是对每一条指令进行解码，确定其对应的机器码，并将这些机器码与对应的汇编指令地址记录下来。在这个步骤中，原始的标号会被保留在输出中，以方便后续的使用。

第二次汇编阶段的关键在于计算相对转移指令的偏移量。相对转移指令在执行时，需要根据当前程序的执行位置以及指令中的偏移信息来确定下一条指令的地址。手工计算这些偏移量并填充到之前记录的表中，不仅费时费力，而且由于人为因素的介入，容易引入错误，影响程序的正确性与可靠性。

这种方法虽然直观且能让人对程序的内部结构有更深入的理解，但其效率和准确度远不及自动化处理方式。随着计算机技术的发展，特别是编译器和汇编器的普及应用，现在的软件开发流程普遍倾向于使用自动化的工具进行汇编。机器汇编器可以自动执行上述两个阶段的任务，包括指令解析、机器码生成、偏移量计算以及最终的代码生成，大幅降低了人为错误的可能性，提高了效率和准确性。

（二）机器汇编

在进行 MCS-51 单片机应用程序的开发过程中，主要流程可以分为以下几个步骤：

首先，在编辑软件中完成源程序的编写。此阶段通常会生成一个以"·ASM"为扩展名的 ASCII 码文件，该文件包含了源程序的全部内容。

其次，运行汇编程序，将汇编语言源代码转换为机器语言代码。汇编过程大致分为两次扫描：

第一次扫描，主要是语法检查和符号定义。在此阶段，汇编程序会识别并解析源代码中的所有符号和指令，制作一张符号表，其中包含了所有符号及其对应的值，可以是地址或者是数值。

第二次扫描，则是在首次扫描的基础上，将符号的临时地址转换为实际的内存地址（代真），并将汇编指令翻译成具体的机器指令代码。

第二节　C语言程序设计

一、顺序程序设计

顺序程序设计作为编程中最基础的形式，其核心特点是以指令的逻辑顺序执行，直到所有指令执行完毕。这种设计方法直观易懂，便于理解和实现。

（一） 正确选择程序存放的地址

在编写程序之初，合理规划程序的存放位置至关重要。通常，程序员会在程序的开始使用 ORG 伪指令来指定程序的起始地址。这个地址应避免占用系统保留区域，如复位地址（通常为 0×0000H）、中断向量表的起始地址等。此外，还需要考虑程序存储器的有效使用空间，确保后续的程序或数据有足够的空间容纳。

（二） 检查指令的合法性

在程序设计阶段，要严格审核所使用的指令是否合法。非法指令，比如无法找到对应的机器码的指令，会导致汇编失败。因此，使用前应确认指令在特定的微控制器体系下适用，且能生成正确的机器码。这不仅包括基本的算术和逻辑运算指令，也包括条件转移、循环控制等高级指令。

（三） 程序的通用性和可维护性

为了提高程序的复用性和维护性，设计时应力求代码具有一定的通用性。这意味着程序应尽量减少对特定硬件配置的依赖，采用标准化的编程技巧和模块化结构，使得在不同环境下进行调整或扩展更为方便。同时，清晰的命名规则和适当的注释也是提升程序可读性的关键因素。

（四） 防止程序"跑飞"

在程序设计中，确保程序在执行结束后能够平稳停止是非常重要的。一种常见做法是在程序末尾添加指令，如使用 SJMP $ （跳转到当前指令地址）或者类似的终止指令，这样可以避免程序意外进入未知代码区域。这种机制有助于在异常情况下提供一个安全退出点，防止程序运行失控或"跑飞"。

二、分支程序设计

在计算机编程领域，顺序结构程序虽然能够满足基本的计算需求，比如执行算术运算、逻辑操作、查询表项以及数据传输等任务，但对于更复杂的问题处理能力却有所欠缺。复杂问题往往伴随着各种逻辑判断和条件选择，需要程序能够依据特定的条件决定执行路径，以展现出一定程度的"智能"。为满足这一需求，程序设计者引入了分支程序结构，这是一种能够根据给定条件改变程序执行顺序的结构。这类结构允许程序有两条或两条以上可能的执行路径，依据特定的判断标准选择其中的一条路径前进。

分支程序结构分为一般分支和散转（跳跃）两大类。一般分支是指程序执行流基于某些明确的条件或值变化而选择性地转向特定的目标地址。例如，在条件语句中，如果条件为真，则执行某个块的代码；否则，跳过该块，直接执行后续代码。这样的设计允许程序对数据状态进行反应，并采取相应的行动，从而实现更灵活、动态的逻辑流程。

（一）散转程序设计

散转程序是一种多分支结构程序。它根据输入条件或运算结果来确定程序相应的转移方向。8051 指令系统中的散转指令 JMP@ A + DPTR，便于编制散转程序，实现多分支结构的程序设计。下面介绍两种编程方法。

1. 用转移指令表实现散转

在构建需要根据特定值执行不同动作的程序时，利用转移指令表是一个有效的方法。通过将转移指令组织成一张表格，并且根据目标值指向相应的指令，程序可以高效地切换执行路径。这种技术尤其适用于需要根据输入参数（如 R6 在本例中）决定执行流程的应用场景。下面提供了一个详细的步骤来描述如何实现此功能：

步骤 1：设计转移指令表

设计转移指令表是一个关键步骤。这个表应按照输入参数（这里指 R6）的值对应不同的处理程序地址。例如，假设我们需要处理以下情况：

（R6）= 0，转向 PRGM，0

（R6）= 1，转向 PRGM，1

（R6）= 2，转向 PRGM，2

...

（R6）= N，转向 PRGM，N

在 8051 系列单片机中，可以通过使用 AJMP 或 LJMP 指令来创建这个表格。AJMP 用于短距离跳转，适合于近处的目标地址，而 LJMP 则用于远距离跳转，适合于较远的目标地址。通常，为了提高效率，我们会优先使用 AJMP。

步骤 2：实现主程序逻辑

主程序的核心逻辑是通过检查 R6 的内容，并根据其值查找对应的转移指令并执行。这个过程可以使用循环或简单的条件语句来实现。以下是一个简化的伪代码示例：

开始：

//首先检查 R6 的值

如果（R6）= = 0：

执行 AJMP PRGMO

否则如果（R6）= = 1：

执行 AJMP PRGM_1

再否则如果（R6）= = 2：

执行 AJMP PRGM_2

//对后续的 R6 值继续进行同样的检查直至 N

//如果 R6 不在预期范围内，可能需要有默认行为或异常处理

其他情况：

执行 AJMP 默认处理程序

结束：

步骤3：实现转移指令

接下来，按照上述逻辑在程序中实现每个转移指令。假设我们使用了 AJMP 指令，对于每个处理程序，其地址必须被准确定义，并且在程序中被标注为可跳转的地址。例如：

PRGMO DB 0×100；地址100H，实际取决于你的内存映射和硬件配置

PRGM_1 DB 0×101

PRGM_2 DB 0×102

；类似地为其他处理程序定义地址……

LJMP PRGMO；这个 LJMP 指令应该位于转移指令表的开始，用于处理（R6）=0 的情况

LJMP PRGM_1；处理（R6）=1 的情况

LJMP PRGM_2；处理（R6）=2 的情况

；……为后续的 R6 值添加对应的 LJMP 指令

步骤4：使用 JMP@ A + DPTR 实现动态跳转

为了简化程序结构，特别是当转移指令表较大时，可以使用 JMP@ A + DPTR 指令。这个指令需要一个间接寻址的地址作为参数，并且使用 DPTR 寄存器来存储地址。在使用 JMP@ A + DPTR 前，通常还需要设置好 DPTR 寄存器，使其指向转移指令表的起始地址。

步骤5：结合所有部分

将上述各个部分整合起来，即可完成整个程序。注意在实际编码时要考虑到处理器的内存布局、指令格式和特定的硬件限制。同时，确保所有转移指令地址的正确性和唯一性，避免出现跳转冲突。

2. 用转移地址表实现散转

在编程时，尤其是在需要对大范围的地址进行高效寻址的情况下，使用转移地址表方法能够显著提高程序的执行效率和可维护性。这种方法的核心在于创建一个包含所有目标地址的列表，然后通过查找列表来确定正确的地址，从而进行跳转。根据寄存器 R2 的内容，程序将会跳转到一系列预先定义好的处理程序中。下面是对这个例子的详细解释和说明：

（1）初始化阶段

ORG 语句：这表明程序从地址 6000H 开始执行。

MOV DPTR，#TAB2：这行代码将转移地址表的首地址（TAB2）送入 DPTR 寄存器。DPTR 用于在寻址时组合高16位和低16位的地址，这对于访问更大范围的内存是必要的。

（2）查找转移地址阶段

MOV A，R2：从寄存器 R2 读取一个字节，这是决定目标程序的一个键值。

ADD A，R2：将这个键值与自身相加。理论上讲，如果使用两个相同的值，它们的和将会是一个偶数（如果值相同），因为两个奇数或两个偶数相加结果总是偶数。通

过这种方式，我们可以在一定程度上简化查找逻辑，使得查找表中每两项的间隔是两倍的关系。

JNC PJ21：检查结果是否为偶数（没有进位）。如果是，则跳转至 PJ21，这通常是处理偶数索引的方式。

INC DPH：如果查找的索引是奇数（因为是 JNC 而非 JC，意味着没有进位，即偶数），程序则将 DPTR 的高字节增加 1。这是因为查找表中的索引可能不是连续的，而是以特定间隔分布的。

（3）寻址和选择阶段

MOV R3，A：将累加器 A 的内容复制到 R3，这是原始的键值或索引。

MOVC A，@ A + DPTR：读取高 8 位地址。

XCH A，R3：交换 R3 和累加器 A 的内容。此时，R3 应该包含了原始的索引值，而累加器 A 中则是高 8 位地址的一部分。

INC A：累加器中的地址内容增加 1。

MOVC A，@ A + DPTR：再次读取低 8 位地址。

MOV DPL，A：低 8 位地址被放入 DPL。

MOV DPH，R3：原始索引值作为高 8 位地址被放入 DPH。

CLR A：清空累加器 A，准备下一次跳转。

JMP@ A + DPTR：执行跳转到处理程序的入口。

（4）结尾部分

TAB2：这是一个数据段，包含了处理程序的入口地址列表，从 PR0 到 PRn。

PR0，PR1，...，PRn：这些是具体的处理程序代码或入口点。

（5）实现功能和限制

这个程序设计允许在一个相当大的内存空间（64 KB）内进行高效寻址，最多支持 256 个不同的转移目标（PR0 到 PRn），其中 n 小于 256。这种方法特别适合那些需要在多个处理模块之间灵活切换的应用场景，如嵌入式系统或设备的控制中心。

这种技术的优点在于，它能够通过简单的算术操作和存储在程序中的表格实现复杂的地址跳转逻辑，而无须硬编码每一个目标地址，从而提高了代码的可重用性和扩展性。

3. 三种无条件转移指令

无条件转移指令在实际应用中各有特色，它们的性能差异主要体现在转移距离、指令长度以及转移方式上。具体如下：

（1）转移距离差异

LJMP（长跳转指令）允许在 64KB 内存范围内进行跳转，这使得它适合于跨越较远的地址范围；AJMP（短跳转指令）则限定了跳转距离在本指令取出后的 2KB 内，适用于中等距离的跳转需求；而 SJMP（短相对跳转指令）的跳转范围较小，通常为以本指令为中心的 - 126B ~ + 129B，多用于接近的内存位置转移。

（2）指令长度

在汇编时，指令的物理表示也有所不同，LJMP 由三个字节构成，相对较大；AJMP

和 SJMP 各仅需两个字节，因此在程序密度要求较高时，它们更为节省空间。

（3）转移方式

LJMP 和 AJMP 是绝对跳转指令，可以通过预定义的地址直接计算目标位置，便于程序逻辑的设计与优化；相比之下，SJMP 采用相对跳转，其转移方向依赖于当前指令的位置和转移偏移量，实现上更依赖于程序的实际运行状态，灵活性较低但能实现局部的快速跳转。

基于以上特性，选择适当的无条件转移指令应考虑实际的应用场景和需求。例如，对于需要频繁执行的、位置固定的局部跳转，通常推荐使用 SJMP，因为它既节省空间又具有较高的执行效率。而对于需要跨越较远内存范围的操作，则倾向于使用 LJMP 或 AJMP，虽然前者占用较多的空间，但在需要覆盖广泛地址范围时，其优势更加明显。

三、循环程序设计

在循环程序设计领域，存在对复杂度和效率的追求，以简单程序和分支程序为基础的逻辑结构虽然在处理条件判断和基本操作时表现得极为高效和灵活，但也存在一定的局限性，尤其是面对需要反复执行同一段逻辑的任务时。简单程序由于其单一执行路径的特性，意味着每一行代码最多只会被执行一次，这在处理一次性的事件或者计算任务时非常合适，但当任务需要在相同条件下多次执行相同的处理流程时，这种方式便显得效率低下且难以维护。

（一）循环程序结构

1. 循环程序组成

循环程序的特点是程序中含有可以重复执行的程序段。循环程序由以下四部分组成。

（1）初始化部分

在编程世界中，为了使程序能够有序且准确地执行循环逻辑，设置初值是一个至关重要的步骤。这包括但不限于确定循环的起始点，比如设定循环次数的计数器的初始值，选择工作寄存器或其他相关变量的起始状态。这些设定如同建造高楼的地基，确保了后续循环操作的正确执行。

（2）循环体

循环体，作为循环程序的核心部分，负责执行循环的主体任务，是程序中真正进行数据处理与操作的关键区域。它包含了所有具体的逻辑与算法步骤，这些步骤会在每次循环迭代时被执行，直到满足特定的退出条件为止。

（3）循环控制

在编程和计算机科学中，重复执行循环体的过程是通过循环结构来实现的，这使得程序能够根据特定条件或目标自动地执行一系列指令多次。循环控制是编程中的核心概念之一，它极大提高了代码的效率和可读性。

①计数循环。当程序执行者知道循环需要执行的精确次数时，通常使用计数循环。

在这种情况下，循环体的内容和循环的持续时间是确定的。一个典型的计数循环包括一个计数器（通常是一个整型变量），在初始化阶段设置为所需的起始值，并在循环体内部更新（增加或减少）该计数器。循环继续执行直到计数器达到预设的结束值。

②条件控制。在许多情况下，循环的次数是不确定的，需要通过某种条件来决定何时停止循环。这种类型的循环依赖于一个条件表达式，只要条件为真，循环就会继续执行。一旦条件变为假，循环就会停止。条件可以是任何类型的布尔表达式，比如数组元素是否被访问过、文件是否已读取完毕等。

③开关量与逻辑尺的循环控制。在更复杂的程序设计中，尤其是用于过程控制的程序中，可能会采用基于开关量与逻辑尺（逻辑控制结构）的循环控制方法。这种控制方法更侧重于逻辑流的控制，而不仅仅是计数或条件。逻辑尺可以是一个复杂的逻辑路径网络，其中不同路径的选择基于当前的输入状态或内部状态。这样的控制机制允许程序执行高度动态的逻辑序列，非常适合自动化生产线、机器人控制等领域。实现逻辑尺控制可能涉及使用决策结构、循环嵌套、状态机等多种编程技术。

（4）循环结束处理

循环结束处理阶段是程序设计中一个关键步骤，其目的是妥善管理循环执行后的状态，并确保所有相关的数据和系统资源被正确地清理和恢复到初始状态。这个阶段的操作对于维护程序的一致性和性能至关重要，特别是当循环涉及对全局变量的修改、资源的分配与释放或者状态的持久化时。

2. 循环程序的基本结构

循环程序在编程中是一种常用的控制结构，用于重复执行一段代码直到满足特定条件为止。循环程序的设计方法主要有两种：先处理后判断（先执行循环体，然后进行条件判断），以及先判断后处理（先进行条件判断，然后根据结果执行或跳过循环体）。这两种方法的选择取决于具体需求和程序设计的效率考量。

（1）先处理后判断

在这种方法中，程序首先执行循环体内的操作，随后检查循环终止的条件。这种方法保证了循环至少会被执行一次，无论条件是否满足。它适用于需要先执行某些操作（如初始化状态、计算中间结果等）之后再决定是否继续执行的情况。例如，在计算序列的累加和时，我们可能需要先对每个元素执行一些预处理操作，再检查当前的累加和是否达到终止条件。

（2）先判断后处理

与此相反，先判断后处理的方法首先检查循环终止的条件，只有当条件满足时才会执行循环体内的代码。如果初始条件就不满足，则循环体将不会被执行，从而节省了不必要的计算时间。这种结构特别适合于需要立即响应某个条件或事件的场景，比如在一个实时系统中快速响应特定的用户输入或设备状态变化。例如，在一个实时数据监测系统中，如果数据未达到警戒值，则不需要执行任何后续操作。

3. 多重循环结构程序

多重循环结构程序，也称作循环嵌套，是编程中的一种高级技巧，允许开发者通过将一个循环放在另一个循环内部来解决复杂的问题。这种结构在处理矩阵运算、多层嵌套的数据结构操作等场景下非常有用。

在多重循环中，外部循环作为"容器"，内部循环则是"被包含"的子过程。每个内部循环都在外部循环的一次迭代过程中运行。重要的是要理解各重循环之间不能发生交叉，既不能从外层循环跳入内层循环，也不能在外层循环尚未结束时就结束内层循环的执行。这样的规则保证了程序的流程清晰。

4. 循环程序与分支程序的比较

循环程序实际上可以被视为分支程序的一种特定应用形式，它在程序逻辑设计中扮演着核心角色。在分支程序中，我们可以通过各种转移指令实现程序流程的选择性转向，循环程序也能运用这些转移指令，来达到在一定条件下重复执行一段指令的目的。

在微控制器的指令集中，为了更加高效地支持循环控制，专门引入了循环控制指令。例如，"DJNZ"指令，就是一种典型的用于循环控制的指令，它可以用来判断某个寄存器内容减一是否为零，从而决定是否继续执行循环体。

（二）循环程序实例

1. 单重循环程序设计

（1）循环次数已知

例：将内部 RAM50I–I 单元开始的 40 个单元全部清零。

设 R2 为循环计数器，控制循环次数，初值为 40（十进制数）；R0 为地址指针，指向 RAM 空间，初值为 50H。程序如下：

```
ORG6000H
MOVR0, #50H；地址指针赋初值
MOVR2, #40  ；循环计数器赋初值
LOOP：MOV@ R0, #00H；清 ORAM 单元
INC：  R0  ；修改地址指针
DJNZ  R2, LOOP；循环结束判断
SJMP  $；循环结束，等待处理
END
```

（2）循环次数未知

在编程世界里，循环结构是实现自动化任务和处理序列数据的核心工具之一。当我们面对未知循环次数的任务时，比如，我们需要计算一个未预知长度的字符序列的长度，这就要求我们使用不同的策略来控制循环的终止条件。这样的场景在文本处理、数据分析、用户输入验证等场合非常常见。

下面是一个详细的解释与分析，说明如何通过编程实现这一任务，以及为什么两种程序设计的思路最终达到了相同的目的。

实现目标：计算字符串长度

目标是计算从内存地址 50H 开始的一串字符直到遇到回车符（ASCII 值为 ODH）为止的字符总数。回车符在这里作为序列的终止标志。以下是针对这个目标的两个程序设计示例，它们虽然采用不同方法实现了相同的功能，但背后的逻辑思想是一致的。

示例：

```
ORG 4200H
COUNT：
MOV R2，#OFEH   ；初始计数器值设置为 16（十六进制）
MOV R0，#4FH；指向待读取字符的初始地址
LOOP：
INC R0；移动指针到下一个字符
INC R2；增加计数器
CJNE @RD，#ODH，LOOP   ；如果当前字符不是回车符，继续循环
END：
```

在这个例子中，使用了 CJNE 指令来比较当前字符与回车符，若不等则继续循环。循环的次数是通过累加 R2 的值来记录的。由于每执行一次循环，R2 都会增加 1，但在初始化时设为 OFEH（16），因此需要额外减去这一步，确保计数器正确初始化。

2. 多重循环程序设计——延时程序设计

在单片机汇编语言程序设计领域，延时程序扮演着至关重要的角色，它们的应用范围极为广泛，包括但不限于键盘接口程序设计中的软件消除抖动、动态 LED 显示程序设计、LCD 接口程序设计、串行通信接口程序设计等多个方面。延时程序的原理在于，通过让处理器执行一系列与主程序功能无关的操作，从而在一定程度上"暂停"或者"延迟"程序的运行，以达到所需的时间间隔。

例如，在键盘接口程序设计中，当按键被触发后，可能会出现多次触发信号的现象，称为"抖动"。为了消除这种抖动现象，程序员会引入延时程序，利用一系列的循环操作，等待按键信号稳定后再做出响应。通常，这些循环会逐次减小一个计数器的值，直至计数器的值变为 0，此时认为按键信号已经稳定。

同样，在动态 LED 显示程序设计中，为了使 LED 的亮度变化更加平滑流畅，避免出现闪烁效果，也会采用延时技术。通过控制显示时间的长短，可以实现 LED 亮度的渐变效果，提升用户体验。

四、算术运算程序设计

MCS－51 指令系统中有加、减、乘、除等指令，可通过设计程序来处理一般的算术运算。设计时要注意指令执行对 PSW 的影响。

（一）加法程序

在应用程序设计中，多字节数加减运算是一种常见的需求，尤其在涉及大数值运算时。这类运算可以分为无符号多字节数加减运算和有符号多字节数加减运算，每种

运算都有其特定的应用场景和处理逻辑。

1. 无符号多字节数加减运算程序

假设我们要对三个连续存放的无符号字节数据进行加减运算。具体步骤如下：

①初始化指针：使用寄存器 R0 指向第一个字节的地址，R1 同样指向第二个字节的地址。R3 用于存储需要处理的数据字节数，这里设为 3。

②清零进位标志：使用 CLR C 清除进位标志位，准备开始循环累加过程。

③循环累加：执行循环 LOOP1，在这个循环中：

使用 MOV A，@ R0 将当前被加数的值读入累加器 A。

使用 ADDC@ R1 将当前的加数值加上进位标志位一起累加到累加器 A 中。

再次将结果存储回 A 寄存器，这一步实际上是将结果复制回原位置，以保持原地运算。

使用 INC R0 和 INC R1 分别增加指针的位置，以便指向下一个字节进行处理。

使用 DJNZ R3，LOOP1 判断剩余字节数是否还有，若不为零，则继续循环。

结束循环：一旦所有字节处理完毕，跳转到 $ 标签处，程序停止执行。

2. 有符号多字节数加减运算程序

对于有符号数据的加减运算，处理逻辑类似于无符号数，但额外要考虑符号位的影响。主要差异体现在以下几个方面：

①符号位的处理：有符号数加减运算需要额外考虑正负号带来的影响。例如，在加法中，两个负数相加可能会导致溢出，需要特别处理；减法则需要转换成加法来处理，即 $A - B = A + (-B)$。

②进位和借位的处理：与无符号数相比，有符号数在进行加减运算时，不仅要考虑数字大小的变化，还要注意进位标志和借位标志的更新。

③结果判断：在完成运算后，除了进行正常的结果存储，还应检查是否有溢出或进位，这对于确保结果的准确性至关重要。

通过上述描述，我们可以看到，无论是哪一种运算，其基本流程都遵循了一定的模式——初始化、循环执行核心运算、结果处理以及结束。不过，有符号数运算在细节上需要更仔细地管理符号位和溢出情况，确保程序的健壮性和正确性。

（二）减法程序

在内部存储区中进行多字节数的减法运算，特别是在使用无符号数时，通常采取从最低位开始逐字节相减的方式。程序通过设置指针和循环控制，实现从低位到高位的循环减法操作。无符号多字节数减法运算的程序如下：

1

2

3

4

5

6

7

8

9

10

11

12

13

14

15

16

17

18

19

20

21

```
ORG  1000H
SBYTESUB:
;设置指针和循环参数
MOV R0，#BLOCK1；被减数始址送 R0
MOV R1，#BLOCK2；减数始址送 R1
MOV R2，#05H；字长送 R2
;清除进位标志 CY
CLR C
;开始循环减法操作
LOOP:
MOV  A，@R0；被减数送 A
SUBB A，@R1  ；相减操作
MOV  @R0，A  ；存差
INC  R0  ；修改被减数地址指针
INC  R1  ；修改减数地址指针
DJNZ R2，LOOP；若未完，则转 LOOP
RET  ；返回主程序
END
```

针对多字节十进制 BCD 码的减法运算，需要首先将十进制减法转换为二进制减法，即计算补码。由于 MCS – 51 微处理器没有直接的十进制减法指令，我们需要先将十进制数转换为其对应的二进制补码，然后使用常规的二进制减法操作。以下是用于处理

BCD 码多字节减法的程序示例：

```
ORG 1000H
SBCD：
;初始化寄存器和变量
MOV R3，#00H   ;差的字节数置 0
CLR 07H;符号位清零
CLR C   ;借位位清零
;对于每一个字节进行补码计算
SBCD1：
MOV   A，#9AH;从十进制数 9AH 计算补码
SUBB A，@R0;减数与当前被减数字节相减（补码相加）
ADD   A，@R1;结果加上减数的低字节（补码相加）
DA   A   ;进行十进制调整操作
MOV   @R0，A;存储结果到被减数地址
INC   R0;更新被减数的地址指针
INC   R1;更新减数的地址指针
INC   R3;更新差字节数计数
CPL C;反转进位标志以确定最终借位状态
DJNZ R2，SBCD1   ;循环直到所有字节处理完毕
;确定最终结果的符号位
JNC SBCD2;若无借位，则执行无符号减法
SETB 07H;若有借位，则设置符号位为 1
SBCD2：
RET   ;返回主程序
```

在上述程序中，我们首先清空了所有的相关标志，然后从低位开始进行逐字节的减法运算。对于每一个字节，我们将减数转换为其相应的二进制补码，并与当前字节相加，之后应用十进制调整指令 DA A。最终，根据是否存在进位情况来决定是否设置符号位，以指示运算结果的正负性。这种方式确保了程序在 MCS－51 环境下可正确地执行十进制 BCD 码的减法运算。

（三）乘除法程序

在使用 MCS－51 微控制器进行编程时，若需要计算两个有符号数的乘积，我们可以遵循以下步骤实现这一过程。此过程涉及对符号位的处理、取绝对值、执行无符号数乘法以及根据符号位恢复积的符号。

步骤一：单独处理符号位

取出被乘数的符号位：首先，通过比较被乘数的最高位（通常在地址 R0 中）与 0 的关系，判断其是否为负数。

取出乘数的符号位：同样地，通过比较乘数的最高位（通常在地址 R1 中）与 0 的关系，判断其是否为负数。

异或操作：使用逻辑异或操作符 XOR 将两个符号位进行比较，以确定最终积的符号。如果两数符号相同，则异或结果为 0（正数），异或结果非 0 则为 1（负数）。

步骤二：求绝对值

被乘数绝对值：若被乘数符号位为 1（表示为负），则对被乘数求补码以获得其绝对值。在 MCS-51 中，可以通过将被乘数与其最大值相加的方法实现求补码。

乘数绝对值：以同样的方式处理乘数，获取其绝对值。

步骤三：执行无符号数乘法

乘法操作：使用 MCS-51 的乘法指令 MUL AB 进行无符号数乘法，将结果存储在累加器 A 和 B 中。累加器 B 存储低 8 位的结果，累加器 A 存储高 8 位的结果。

步骤四：处理积的符号

符号恢复：基于步骤一中确定的积的符号，对积进行相应的符号处理。若积的符号位为 1，则说明原始积为负数，此时需要执行补码操作。使用 ADD 指令而非 INC 指令进行补码处理，因为 ADD 指令可以不改变进位标志，这对于保持乘法操作的结果不变至关重要。

五、非数值操作程序设计

(一) 码制转换程序

在单片机应用程序设计领域，码制转换是一个关键环节，涉及如何在计算机系统内部与外部设备之间高效且准确地交换信息。单片机系统在进行数据处理和存储时，主要依赖于二进制数，这是因为二进制数的运算简单明了，且能够在有限的空间内存储大量的数据，这为系统的效率和可靠性提供了基础。然而，在输入/输出（I/O）接口设计中，为了符合人类直观的认知习惯和便于与传统的十进制显示设备进行交互，经常采用二进制编码的十进制数（BCD）来表示数值。

BCD 码是一种二-十进制编码方案，即每个十进制数的每一位都由一个或多个二进制位来表示。具体来说，每一个十进制数字（从 0 到 9）在 BCD 编码中都由四个二进制位表示，这样既保留了十进制数的清晰性和易读性，又能在逻辑处理上利用二进制的简便性。例如，十进制数"5"在 BCD 编码下为"0101"，而"8"则为"1000"。

进行二进制与 BCD 码之间的转换是单片机程序设计中的常见任务。转换的实现通常依赖于逻辑电路或者编程语言中的特定函数。在软件层面，转换过程可能包括逐位读取原始二进制数，然后将其分解成各个十进制位，再将这些位转换为对应的 BCD 码表示，或者相反。在硬件层面，这可能涉及使用组合逻辑电路，如译码器、编码器和加权电阻网络等。

这样的码制转换不仅在用户界面的友好度上起到关键作用，也在提高系统的整体性能和兼容性方面发挥着重要作用。无论是数字显示还是控制指令的生成，BCD 码都能提供更直观、更容易理解和操作的数据格式，使得单片机应用程序更加贴近实际应用需求。同时，通过精确的码制转换，还能有效减少在与外部设备通信时可能出现的误差，进一步提升了系统的稳定性和可靠性。

（二）查表程序

在单片机应用系统开发中，查表程序作为一种高效的编程技术，被广泛应用于需要快速查找、转换或补偿数据的应用场景。这种程序结构简洁，执行效率高，尤其在资源受限的单片机环境中展现出其优越性。对于 MCS–51 系列单片机，由于其特殊的设计，数据表格通常直接存放在程序存储器中，而非 RAM，从而减少了对系统资源的消耗，并提高了程序的执行速度。

在 MCS–51 单片机中，通过 DB 或 DW 伪指令，可以便捷地定义并存放数据表格，形成类似数组的数据结构。这些表格能够被用来存储与特定输入值相对应的输出结果，例如在模拟信号处理、温度补偿或复杂的数算中，通过预先计算并将结果存储在 ROM 中，可以在运行时通过简单的查找操作获取所需数据，而无须额外的计算步骤。

在 MCS–51 中，有两种主要的查表指令，它们分别利用不同的指针来访问存储在 ROM 中的表格数据：

1. 以 DPTR 为基址的查表指令

MOVC A，@ A + DPTR。这里的 DPTR 是一个由 P2 口（用于地址的高 8 位）和 P0 口（用于地址的低 8 位）组成的 16 位寄存器，用于指定程序存储器中的地址。通过这种方式，查表程序可以根据特定的需求动态地访问 ROM 中的不同位置，实现灵活的数据查找与处理。

2. 以 PC 为基址的查表指令

MOVC A，@ A + PC。在这里，PC 作为查表的基址指针，它指向当前正在执行指令的下一个指令的地址。这种方式下，每次执行查表指令时，会自动根据当前指令地址向后移动，非常适合在循环或递增查找的情况下使用。

这两种查表方式各有优缺点，具体的选择取决于程序的实际需求、性能考虑以及内存访问模式。通过合理利用这两种指令，开发人员可以有效地优化单片机程序，实现快速、高效的查表操作，进而提升整个系统的工作效率和响应速度。

（三）检索程序

在单片机编程中，顺序检索程序是一种基本且常见的数据搜索技术，特别是在处理小型或固定范围数据集时非常有效。顺序检索程序通过线性遍历数据集的方式寻找目标关键字，适用于数据集规模较小或者对时间敏感度较低的情况。

以下是对该程序的详细解释及工作流程：

程序初始化：

使用 ORG 2000H 指令定义了程序的起始地址。

利用 MOV R0，#20H 将数据区的首地址设置为内存中的 20H 位置。

设置 R7 寄存器的值为 10，代表数据区的长度。

将 R2 初始化为 0，作为即将存放关键字序号的暂存器。

在 30H 单元中预先存放关键字 KEY。这里的 KEY 应当被替换为实际的关键字值。

将结果存放到 31H 单元中，初始状态设为 00H 表示未找到关键字。

检索逻辑：

程序的主要逻辑包含在 NEXT 标签之后的代码。这里使用了一个循环来遍历从 R0 开始到 R0 + R7 − 1 的所有内存位置，以查找 30H 单元中的关键字。

使用 INC R2 增加序号计数器。

MOV A、30H 和 XRL A 分别将关键字加载到累加器 A 中，并与当前数据区的位置进行异或操作。如果结果为 0，说明找到了匹配项。

当异或结果为零时，执行 JZ ENDP 跳转到结束标签，表明已找到关键字，并退出循环。

如果没有找到匹配，通过 INC R0 更新数据指针，准备检查下一个位置。

使用 DJNZ R7，NEXT 来判断是否还需要继续遍历剩余的数据块，直到检查完整个数据集。

结果处理：

若在整个数据集内未找到匹配的关键字，则在结束标签处将 R2 设置为 00H，表明检索失败。

最终，检索的结果通过 MOV 31H，R2 存入 31H 单元中。若程序正常结束且 31H 内容非 00H，则表示找到关键字，其序号即 R2 的值。

第四章

单片机系统扩展及 I/O 接口技术

第一节　单片机系统扩展与 I/O 端口的扩展

MCS-51 系列单片机（简称"51 单片机"）因其体积小、功耗低、成本低廉等优点，在众多嵌入式系统设计中占据了重要地位，广泛应用于各种控制类设备之中。然而，在具体的应用场景下，51 单片机也面临着一些需要解决的挑战：

（1）外部设备与单片机之间的信号连接：51 单片机通过其输入输出（I/O）引脚进行与外部设备的通信。这些 I/O 引脚的功能既可以作为输入也可以作为输出，但数量有限，通常只有几个通用的 I/O 口（如 P0、P1、P2、P3）。因此，在实际应用中，当需要连接的外部设备数量众多或有复杂的数据传输需求时，就需要设计复杂的电路来扩展或选择性地切换 I/O 引脚，或是利用硬件 I/O 扩展芯片（如 74HC595、8255 等）来增加输入输出通道的数量和功能，同时需要通过相应的软件程序来控制这些外部电路的开启、关闭以及数据的读写过程。

（2）系统资源的外部扩展：对于一些功能要求更为强大的系统，单片机的资源（如存储空间、计算能力、定时器/计数器的数量等）可能无法满足需求。此时，需要通过外部扩展的方式来增强系统的性能。例如，可以扩展更多的数据存储空间（通过外接 ROM 或 RAM 芯片），提高系统计算能力（如通过增加 DSP 或微处理器核心），增加更多的定时器/计数器（使用专用的定时器芯片如 MAX813），或是引入更多类型的 I/O 接口（如 UART、SPI、I2C 等）以支持更多的外围设备通信。这些扩展通常需要在硬件层面进行设计，并且软件方面需要编写相应驱动程序来控制这些外部硬件资源，确保与主 CPU 的有效协同工作。

一、单片机系统扩展

在使用 51 单片机构建应用系统时，最基础的方式是通过其内部的 P0 到 P3 端口直接实现输入输出操作，这是一种典型的最小系统配置方案。这种直接控制方式简便高效，适用于基本的控制任务和小型系统。过去所有的单片机应用系统大多遵循此原则进行设计与实现。

然而，随着系统功能的复杂化和技术要求的提升，单片机内部固有的资源（如存储容量、处理速度、外部设备接口等）往往难以满足设计需求。面对这样的情况，工程师们通常会采用外部扩展的方法来增强单片机系统的功能和性能。这可能涉及对 RAM、ROM、定时器、串行通信接口等硬件资源的扩展，甚至引入更高性能的微控制器或处理器。

（一）单片机系统扩展及接口芯片

1. 单片机系统扩展能力及配置要求

在构建基于 51 单片机的应用系统时，其强大的扩展能力是系统设计中的一大亮点，具体体现在以下几个方面：

首先，51 单片机系统能够利用外部总线进行资源的扩展，其中包含地址总线、数据总线和控制总线。这些总线是系统与外部设备进行数据交换的基础，通过有效的接口控制，能够实现单片机与各种外部设备之间的通信。

其次，系统支持扩展 64KB 的数据存储器或输入输出端口。这样的配置允许设计者根据实际需求增加更多存储空间或输入输出接口，使得单片机能够处理更复杂的任务或对接更多的外设，极大地提升了系统的灵活性和实用性。

再次，51 单片机具备扩展片内外统一编址的 64KB 程序存储器的能力。这一特性意味着，无论是来自单片机内部还是外部扩展的程序存储器，都能够以统一的地址空间进行访问和管理，为程序的灵活加载和动态运行提供了便利。

复次，对于扩展存储器芯片的地址空间分配和接口控制芯片的选择与配置，51 单片机也提供了良好的支持。设计者可以根据实际需要，合理规划存储器的物理布局，并选择合适的接口控制芯片来实现与外部存储器的有效连接，从而最大化地利用外部资源，优化系统的存储性能。

最后，扩展接口电路和编程是系统扩展过程中的关键步骤。设计者需综合考虑接口电路的兼容性、性能以及编程语言的适应性，确保扩展部分能够无缝集成到整体系统中，同时保证编程的便捷性和高效性。这一过程不仅考验设计者的系统整合能力，也是提升系统整体性能的重要环节。

2. 单片机系统扩展常用芯片

在构建基于单片机的系统时，为了满足各种硬件接口和数据存储的需求，常常需要引入额外的芯片进行扩展。以下是一些常用的芯片及其用途概述：

首先，在扩展 8 位输出口时，锁存器（如 74LS273、74LS377 等）扮演着至关重要的角色。它们用于在单片机输出信号与外部电路之间建立可靠的电气隔离，并将多个信号进行缓冲和同步，以确保稳定的输出信号质量。

其次，对于输入口的扩展，通常会选用三态门电路，如 74LS244、74LS245 以及 74LS373 等。这些器件能够在高电平和低电平之间切换，同时在空闲状态下进入三态模式，减少电流消耗，保护单片机不受外部电路的直接干扰。

再次，在程序存储器的扩展方面，EEPROM 芯片（如 2816、2817、2864、28256、28010、28040 等）被广泛应用。这些芯片提供非易失性存储特性，即使电源断开后，也能保持数据信息不丢失。它们拥有不同的容量和位宽，以适应从较小规模到更大规模程序存储的需要。

最后，数据存储方面，SRAM 芯片（如 6116、6264、62256 等）是常用的存储解决方案。它们提供快速读写性能，适合临时存储数据或作为高速缓存使用。这些芯片通常具有较高的集成度，能够满足不同应用对数据存储速度和容量的要求。

（二）单片机扩展后的总线结构

在使用 51 单片机进行系统扩展时，与一般的中央处理器相似，系统同样配置了连接外部扩展部件的地址总线、数据总线和控制总线。在这其中，地址总线通常为 16 位宽度，而数据总线则为 8 位宽度，控制总线则是由单片机系统的特定输入输出端口（P0、P2、P3 口）来实现。然而，由于 51 单片机引脚数量的限制，数据总线和地址总线的低 8 位使用 P0 口共享，这使得在实际操作时，需要与外部电路正确对接存在一些特殊要求。

为了确保能够准确地进行数据和地址的传输，尤其是在需要访问外部 RAM、I/O 设备或者进行更复杂的数据交换时，必须采用额外的硬件来避免数据总线和地址总线的混淆。一种常见的解决办法是在单片机外部增设一片地址锁存器，例如使用 74LS373 芯片。这样做的目的是在需要传输地址信息时，先通过该锁存器对地址信号进行暂存和锁存，然后将其通过数据总线传输给外部设备。当地址信息传输结束后，锁存器会释放地址信号，从而避免了地址信号与后续的数据传输冲突，进而确保了系统在进行外部资源访问时的正确性和稳定性。

所有扩展的外部部件都通过这 3 组总线进行接口连接。

1. 地址总线

在 51 单片机系统设计中，地址总线的宽度为 16 位，这使得单片机能够寻址高达 64KB 的存储空间。为了达到这一目标，单片机的地址总线由 P0 口和 P2 口共同提供支持：其中 P0 口承担低 8 位地址线的职责，而 P2 口则负责高 8 位地址线的输出。然而，由于 P0 口还同时承担着数据总线的功能，因此在系统扩展过程中，P0 口的低 8 位地址线需要通过锁存器进行暂存和锁定，以避免地址信号在数据传输过程中被覆盖或干扰。

相比之下，P2 口因其本身就具备输出锁存功能，所以在作为高 8 位地址线使用时，并不需要额外的锁存器来保障信号的稳定传输。锁存操作的控制信号通常来源于单片机的 ALE（地址锁存使能）输出信号，这一机制保证了在地址信号的有效期内，数据总线上的数据不会干扰到地址信号的正常传输。

2. 数据总线

在 51 单片机的扩展应用中，数据总线的宽度设定为 8 位，这一功能主要通过 P0 口来实现。P0 口作为一种三态双向接口，不仅支持数据的输出，还能接收来自外部设备的数据，实现了数据在单片机与外部存储器或者 I/O 设备之间的双向流动。这种设计使得在进行系统扩展时，能够有效管理和传输信息，提升系统的处理能力和灵活性。通过灵活地控制 P0 口的状态，可以确保在进行数据读取和写入操作时信息的准确传递，这对于构建复杂的硬件系统至关重要。此外，P0 口的三态特性还允许在数据总线上实现电平的高阻态，有效减少了与其他总线之间的电气冲突，进一步优化了系统的整体性能。

3. 控制总线

在 51 单片机的控制逻辑中，控制总线扮演着关键角色，它负责向片外存储器和 I/O 设备发出一系列控制信号，以指导单片机与这些外部设备进行有效的交互。具体而言，以下几个控制信号线是核心组成部分：

（1）ALE（地址锁存器）：该信号作为地址锁存器的选通信号，专门用于锁存 P0 口输出的低 8 位地址。通过这一机制，单片机能够确保在进行地址操作时，不会出现地址信息的丢失或混乱，保证了地址数据的正确性。

（2）PSEN（程序存储器选通）：这一信号作为选择扩展程序存储器的读操作，特别在执行 MOVC（直接访问外部程序存储器的指令）时自动激活（通常处于低电平状态）。它的启用确保了单片机能有效地访问外部程序存储区域，执行必要的程序指令。

（3）EA（程序存储器选择）：此信号作为选择片内或片外程序存储器的开关。当 EA 设置为 1 时，表示单片机将优先访问内部程序存储器，同时能与外部扩展程序存储器进行连续编址的交互；若 EA 被设置为 0，则单片机将仅访问外部程序存储器。在进行扩展配置且只使用外部程序存储器时，确保 EA 处于接地点，是关键步骤之一。

（4）RD（读）：这是一条指示片外数据存储器和扩展 I/O 口进行读操作的信号线。每当执行 MOVX（访问外部数据存储器的指令）读操作时，RD 控制信号会自动激活（变为低电平），从而允许单片机从外部数据存储区或 I/O 端口获取所需的信息。

（5）WR（写）：与此相对应，WR 信号负责标记片外数据存储器和扩展 I/O 口的写操作。当执行 MOVX 写指令时，WR 控制信号会自动激活（变为低电平），允许单片机向外部数据存储区或 I/O 端口写入数据，实现数据的更新或设置。

通过这些控制信号的有效管理和精准控制，51 单片机能够高效、精确地与外部存储器和 I/O 设备进行交互，执行各种复杂的数据处理和控制任务，展现了其强大的硬件接口能力和灵活性。

（三）程序存储器的扩展

在一般的小型单片机应用系统中，诸如 8051 和 89C51 这样的型号，它们均配备 4KB 的内置 ROM（EPROM），而更先进的型号（如 89S51 和 89S52）则拥有 4KB 的 Flash – ROM 或是 8KB 的 Flash – ROM，这些内置的存储空间在许多应用场景下已经足够满足程序执行需求。然而，当程序设计变得日益复杂，代码量也随之增加，进而可能超出单片机内部 ROM 容量所能提供的空间时，就需要引入外部程序存储器来拓展可用的空间。

为了满足这种需求，EPROM（可擦除可编程只读存储器）和 EEPROM（电可擦除可编程只读存储器）成了单片机应用中的首选扩展存储解决方案。这些半导体存储器之所以受到广泛的欢迎和应用，主要得益于其低廉的价格以及出色的可靠性。EPROM

允许用户通过紫外线照射的方式一次性擦除全部数据，并重新编程，适用于初次开发或频繁更改程序代码的情况。而 EEPROM 则具备非易失性特点，即断电后仍能保持存储的数据不变，且支持多次擦写操作，这使得它成为在程序需要频繁更新，但又不允许中断系统运行的应用场景中的理想选择。

（四）数据存储器的扩展

在使用像 51 单片机这类微控制器时，内部集成的 128B 或 256B RAM 数据存储器通常能满足大多数应用场合对数据存储的需求。然而，针对那些需要较大容量数据缓冲器的应用系统，比如数据采集系统，内部 RAM 的空间限制可能会成为瓶颈，这时候就需要在单片机外部扩展数据存储器。

为了实现外部存储器的访问，单片机提供了特定的指令集，包括 MOVX 指令用于访问外部 RAM 和 I/O 设备，以及 MOV 指令用于访问内部 RAM。这反映出单片机与外部存储器之间的关键差异。

首先，内部存储器（包括 RAM 和 ROM）的寻址是通过单片机内部总线直接完成的，这在硬件设计上相对简单，无须额外的用户设计。而在外部存储器的扩展方案中，需要利用 P0、P2、P3 等引脚来构建数据总线、地址总线和控制总线，这就涉及用户自定义的接口电路设计。

其次，当访问内部存储器时，可以通过简单的 MOV 指令实现数据的读写，而无须额外的控制信号，数据传输的控制是由 CPU 内部实现的，主要通过 V0 口进行外围设备的控制。相比之下，访问外部存储器时，则需要用到更为复杂的 MOVX 指令，该指令会自动触发读写控制信号，从而确保外部设备能够正确响应单片机的请求。

再次，没有扩展存储器时，单片机的 I/O 口（如 P0 ~ P3）通常既可以作为输入输出端口使用，也可以直接连到外部存储器或其他设备上。但当系统中包含了外部存储器之后，这些 I/O 口在很大程度上将被用于构建外部总线（数据总线、地址总线和控制总线），从而影响了其作为普通 I/O 端口的功能。在这种情况下，通常只有 P1 口保留了自由使用的可能性。

最后，内部存储器由于其独立的结构设计，并不能直接用作 I/O 口。而外部存储器却可以与 I/O 操作无缝结合，这主要是因为外部 I/O 端口与外部存储器采用统一的地址空间进行编址。这意味着通过使用 MOVX 指令，不仅可以对外部存储器进行读写操作，还能通过适当的地址设定，将外部存储器的一部分地址范围映射到内部数据总线上，从而实现在执行 I/O 操作时，同时访问外部存储器的功能。

二、I/O 端口的扩展

（一）简单并行输出口的扩展

使用 74LS377 芯片扩展并行输出口。74LS377 是带有输出允许控制的 8D 触发器，上升沿触发。

1. 74LS377 扩展并行输出口的电路

由于使用了 WR、P2.4 和 P2.5 作为 74LS377 的控制信号，因此，必须使用外部 RAM 访问指令 MOVX（产生控制信号）写入 74LS377。图 4-1 中使用了两片 74LS377 作为并行输出口，这里采用线选法。当 P2.4 为低电平时选中 74LS377（1）；当 P2.5 为低电平时选中 74LS377（2）。

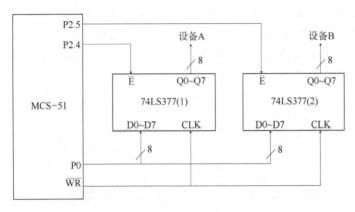

图 4-1　用 74LS377 扩展并行输出口

2. 地址（未考虑地址重叠）分配

  P2.7…P2.5 P2.4…P2.0 P1.7 P1.0

  A15 A14 A13 A12 A11 A10 A9 A8 A7 A6 A5 A4 A3 A2 A1 A0

74LS377（1）1 1 1 0 1 1 1 1 1 1 1 1 1 1 1 1

74LS377（2）1 1 0 1 1 1 1 1 1 1 1 1 1 1 1 1

74LS377（1）的地址为 OEFFFH；

74LS377（2）的地址为 ODFFFH。

3. 编程示例

在使用单片机进行外部设备的数据交互时，如需将内部 RAM 中的数据分别写入设备 A 和设备 B，可以通过如下程序实现：

MOV A，#20H；将 RAM 地址 20H 的内容读入累加器 A

MOV DPTR，#OEFFFH；设置 DPTR 为设备 A 的地址

MOVX @DPTR，A；将累加器 A 的内容写入设备 A 的地址 OEFFFH

MOV A，#21H；将 RAM 地址 21H 的内容读入累加器 A

MOV DPTR，#ODFFFH；设置 DPTR 为设备 B 的地址

MOVX @DPTR，A；将累加器 A 的内容写入设备 B 的地址 ODFFFH

在执行这段程序时，使用了 P2.4 和 P2.5 作为线选信号线，这样在改变 P2 端口的状态时，其他地址线的状态不会受到影响，从而避免了地址冲突的问题。然而，这种方式虽然减少了对其他地址线的依赖，但也产生了较大的地址重叠区域。具体来说，地址重叠区是指两个设备共有的地址区间，对于上述代码中的设备 A（OEFFFH）和设备 B（ODFFFH），地址重叠发生在 OEFFFH ~ ODFFFH 的范围内。

（二）简单并行输入口的扩展

扩展 8 位并行输入口常用的三态门电路有 74LS244、74LS245 和 74LS373 等。下面使用 74LS244 芯片扩展并行输入口。

74LS244 是一种三态输出的 8 位总线缓冲驱动器，无锁存功能。

74LS244 扩展并行输入口的电路如图 4 - 2 所示，图中将 74LS244 的 1G 和 2G 连在一起，由于使用了 P2.4 和 RD（P3.7）作为 74LS244 的控制信号，因此，应该使用外部 RAM 访问指令 MOVX 读取 74LS244 数据，该扩展口的地址为 0EFFFH。

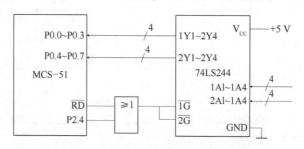

图 4 - 2　74LS244 扩展并行输入口的电路

三、单片机扩展系统外部地址空间的编址方法

在构建基于 51 单片机的扩展系统时，往往需要考虑多方面的需求，包括但不限于程序存储器、数据存储器的扩展以及 I/O 接口的增加。这些功能的集成不仅提升了系统的性能，同时对硬件资源的管理和地址空间的规划提出了较高要求。

在实际应用中，扩展程序存储器通常涉及使用如 EPROM、Flash Memory 或者 ROM 等非易失性存储器芯片。这类存储器被设计用于存放已经编译好的程序代码，确保系统在断电后仍能保持程序的状态，因此它们需要拥有足够的容量以容纳所有必要的代码。

（一）单片机扩展系统地址空间编址

在构建基于 51 单片机的扩展系统时，编址是一项关键任务，它涉及外部存储器、I/O 接口等资源的高效管理和分配。这一过程旨在确保每个外部组件（包括程序存储器、数据存储器和 I/O 接口）都能通过唯一的地址进行识别和访问，从而为系统提供稳定且高效的运行环境。

51 单片机外部地址空间划分为两个部分：程序存储器地址空间和数据存储器地址空间，两者皆可提供高达 64KB 的存储容量。对于外部 I/O 接口的扩展，其逻辑实现在数据存储器地址空间上，通过与数据存储器采用统一的编址方式，单片机可以借助访问外部数据存储器的指令来操控外部 I/O 口，实现输入输出操作的灵活调度。

在扩展系统中，占用同类地址空间的芯片之间需避免地址冲突，以保证各组件独立运作。尽管如此，外部程序存储器与外部数据存储器（包括 I/O 接口）在访问机制上的差异——前者通过 PSEC 信号,后者则使用 RD/WR 信号——允许在不引起混淆的情况下,占用不同类地址空间的芯片共享相同的地址区间。

存储单元的地址结构包括片地址和片内地址两部分,前者指定特定存储芯片的位置,后者则指示该芯片内部的具体存储位置。这一结构确保了系统能够准确地访问到任一存储单元。

编址流程通常分为两步进行:首先,根据所选芯片类型和数量,确定并分配合适的地址范围;其次,通过连接芯片的地址线与系统地址总线,实现对芯片的选择。这一操作本质上是在实现如何正确地选择所需的存储器或 I/O 接口芯片。

51 单片机扩展系统中的外部空间地址由 16 位地址总线(A0 ~ A15)生成。其中,高 8 位地址(A8 ~ A15)由 P2 口的引脚(P2.0 ~ P2.7)直接提供,这限制了用于片选信号生成的地址线仅限于未被芯片地址线占用的部分。由此,系统能够根据地址总线的不同组合,精准选择所需芯片,实现对不同存储器和 I/O 接口的灵活访问和控制。

(二) 线选法

所谓线选法,是一种在构建基于 51 单片机的扩展系统时常用的基本技术手段,其核心在于利用 51 单片机的 P2 口(并行口 2),特别是那些未被分配给扩展芯片内部地址线的位,直接与外接的芯片片选端相连。在这一方法中,通常设定片选有效信号为低电平,以此作为选择或激活特定芯片的依据。

采用线选法的主要优点在于其连接的简易性和成本效益。它无须额外的逻辑电路设计,简化了硬件构造,降低了设计复杂度和成本。此外,线选法的实现相对快速,便于快速原型开发和系统集成,特别是在需要快速部署或进行小规模扩展的应用场景中,展现出显著的优势。

(三) 译码法

所谓译码法,是 51 单片机在构建复杂扩展系统时的一种高级技术手段,它主要依赖于将未被分配给扩展芯片内部地址线的 P2 位通过译码器进行逻辑转换。译码后的输出信号,即各外接芯片的片选信号,一般在该信号处于低电平状态时被视为有效信号,激活对应芯片。

采用译码法的优势之一在于其灵活的扩展能力。相较于线选法,在同样的地址总线数量条件下,译码法能够支持更多芯片的并存,这得益于译码器能够对输入地址进行更复杂的逻辑处理,实现芯片级的选择与控制。此外,译码法还能确保各个扩展芯片占有连续的地址空间,避免了线选法下出现的地址非连续性问题,提高了地址空间的利用率,从而适用于那些需要处理大量数据、具有高带宽传输需求的复杂系统环境。

第二节　单片机 I/O 接口技术及应用

一、单片机的 I/O 口——输出口的基础应用

（一）并行 I/O 口结构及功能特点

以 51 系列单片机代表型号 AT89S51 为例，其配备有四个 8 位并行双向 I/O 口：P0、P1、P2、P3，共计 32 根 I/O 线，这些接口主要负责与外部设备的交互。在实际应用中，输出端口用于连接输出设备，常见的输出设备包括 LED 灯、数码管、蜂鸣器、继电器及液晶显示器等。而输入端口则用于连接单片机与输入设备，如按键、开关等。

值得注意的是，P0、P1、P2、P3 四个并行双向 I/O 口虽然都具备输入输出能力，但它们在功能和操作方式上存在细微差别。P1、P2 和 P3 口被设计为准双向输入/输出口，意味着它们在使用过程中既可以作为输出口，也可以作为输入口，但在操作模式和速度方面相对有限。相比之下，P0 口则被定义为双向三态输入/输出口，这意味着除了具有标准的输入/输出功能，P0 口在输出时能够输出高阻状态（高阻抗），这对于需要实现数据缓冲或与其他单片机接口进行通信的场合尤为重要。

图 4-3 是并行口结构。由图 4-3 可知，每个 I/O 口都由 1 个 8 位数据锁存器和 1 个 8 位数据缓冲器组成。其中 8 位数据锁存器与 P0、P1、P2、P3 同名，属于 21 个特殊功能寄存器中的 4 个，用于存放需要输出的数据，8 个数据缓冲器用于对端口引脚上输入数据进行缓冲，但不能锁存，因此各引脚上的数据必须保持到 CPU 把它读走。下面分别介绍每个端口的特点和操作。

1. P0 口

P0 口是使用广泛、最繁忙的端口。由图 4-3（a）可知，P0 口由锁存器、输入缓冲器、切换开关与相应控制电路、输出驱动电路组成，是双向、三态、数据地址分时使用的总线 I/O 口。若不使用外部存储器时，P0 口可当作一个通用的 I/O 口使用；若要扩展外部存储器，这时 P0 口是地址/数据总线。

（1）作 I/O 口

在使用 AT89S51 单片机时，P0 口作为 I/O 口时的配置逻辑清晰明了。当多路开关向下，并且控制信号 Q 处于低电平（0）状态时，场效应管 T1 保持截止状态，确保电路的正常运行。

在将 P0 口设置为输出模式时，内部总线的状态决定了输出状态。如果总线内容为"1"，则 Q 信号会保持在"0"状态，使得 T2 场效应管的栅极保持为"0"，从而确保 T2 场效应管截止，最终使得输出端 P0.x 显示为"1"。反之，若总线内容为"0"，则 Q 信号将变为"1"，使 T2 场效应管的栅极变为"1"，导致 T2 导通，从而将输出端 P0.x 设置为"0"。

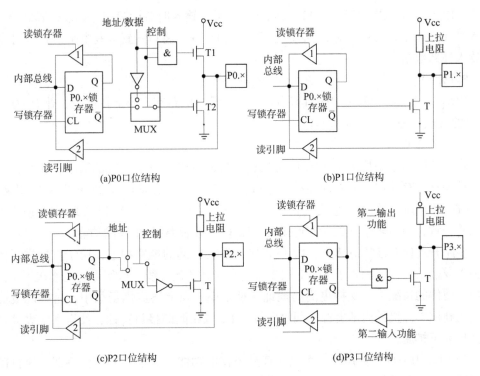

(a)P0口位结构　　　　(b)P1口位结构

(c)P2口位结构　　　　(d)P3口位结构

图4-3 并行口结构

对于输入模式，则需要首先执行 P0 = 0 × FF 指令，这一操作的目的是将锁存器中的内容清零，确保 Q = 1 且 Q = 0，进而使得 T2 截止，防止引脚 P0.× 被嵌位在低电平状态。输入信号经过 P0.× 引脚到达读引脚的三态门后，最终传递至内部总线进行读取。

（2）作地址/数据总线

在单片机系统中，当访问外部扩展存储器时，多路开关的配置与功能转换是关键步骤之一。当控制信号设为"1"时，多路开关处于打开状态，与门得以锁定，确保地址与数据信号的独立传输。根据地址信号的状态（"1"或"0"），通过非门的逻辑作用，T2 场效应管的栅极电压会发生相应的调整，最终控制引脚 P0.× 的状态：当地址信号为"1"时，P0.× 为"1"；反之，当地址信号为"0"时，P0.× 则变为"0"。这一设计确保了地址信息的准确传输，而数据信号则通过 P0 口进行有效的读写操作。

在具体实现访问外部存储器的操作中，当 P0 口输出低 8 位地址之后，其职能随即转变为数据总线，负责传输读指令码。在此过程中，控制信号被设定为"0"，此时多路开关切换至向下位置，接到 Q 端，以确保数据的稳定输出。CPU 自动将 FFH 值写入 P0 口锁存器，此时，T2 场效应管处于截止状态，避免了不必要的电流流动。同时，读引脚通过三态门，成功地将指令码读取至内部总线，保证了整个操作的高效、有序进行。

2. P1 口

由图 4-3（b）可知，P1 口没有多路开关，P1 口的 T2 管用内部上拉电阻代替。

因此，P1 口是准双向静态 I/O 口。和 P0 口一样，输入时有读锁存器和读引脚之分。在输入时（如果不是置位状态），必须选用 P1 = 0 × FF，将口线置为高电平"1"，才能正确读入外部数据。

3. P2 口

由图 4 – 3（c）可知，P2 口有多路开关，驱动电路有内部上拉电阻，兼有 P0 口和 P1 口的特点，是个动态准双向口。

（1）作 I/O 口

在单片机的应用场景中，P2 口的配置与功能主要取决于系统的需求，尤其是在不需要扩展外部存储器，或者即便扩展了外部存储器，但容量仅在 256B 以内的情况下，P2 口通常作为通用的输入输出（I/O）口使用。这种配置下，P2 口与 P1 口在使用方式上保持一致，即当多路开关向左连接时，P2 口发挥着类似 P1 口的功能。

多路开关向左连接意味着，P2 口直接与系统内部的电路相连，用于直接进行数据的输入或输出操作。相较于 P1 口，P2 口具有较高的地址线，这使得它能够在不需要增加额外硬件的情况下，支持更高的地址寻址范围。在上述应用场景中，这种配置能够最大化利用单片机的内部资源，同时保持与 P1 口相同的接口特性，使得系统设计更加灵活且易于扩展。

P2 口作为 I/O 口使用时，可以实现更丰富的功能，如连接外部传感器、执行简单的控制逻辑或与其他外部设备进行通信等。它的使用模式与 P1 口类似，即可以通过编程控制 P2 口的每一位，实现数据的输入和输出。这种灵活性使得 P2 口成为单片机系统中不可或缺的一部分，不仅提升了系统的功能性，也增强了其实用性和兼容性。

（2）作高 8 位地址

当单片机应用环境需要扩展外部存储器，且外部存储器的容量超过了 256 字节时，传统的 I/O 口分配策略将发生调整。在这个情况下，P2 口的角色发生转变，不再作为普通的 I/O 口使用，而是专为访问外部存储器而设计。具体来说，P2 口将作为执行 MOVX 指令时 16 位地址的高 8 位引脚，即 A8 至 A15。这一改变主要是由于单片机内部的地址线数量有限，不足以同时控制较大的地址空间。

当多路开关设置为向右连接时，这种配置意味着 P2 口的用途已从通用 I/O 功能转向了更为特定的地址线角色。通过这种方式，单片机可以访问更大量的外部存储器区域。在此过程中，P2R0 和 P2R1 被用来表示完整的 16 位地址，其中 P2R0 或 P2R1 的内容对应的是低 8 位地址。而 P2 口本身，则承担着提供高 8 位地址的任务，与低 8 位地址共同构成完整的内存地址，从而使得单片机能够有效地读取或写入外部存储器中的数据。

4. P3 口

由图 4 – 3（d）可知，P3 口是个双功能静态双向 I/O 口。它除了有作为 I/O 口使用的第一功能，还具有第二功能。P3 口的第一功能和 P1 口一样。

在电子设计领域，为了增强芯片的多功能性和适应性，往往会为引脚添加额外的功能控制逻辑。这不仅是提高芯片利用率和适应复杂系统需求的关键步骤，也是推动集成电路技术不断进步的重要因素。尤其是在芯片集成度不断提高的今天，如何巧妙地利用每一个引脚，使其在不同应用场景下发挥最优性能，成了设计者们面临的一大挑战。

对于那些具有第二功能输出的引脚，当它们被用作通用 I/O 口时，为了保证数据从锁存器顺利输出到外部电路，需要将第二功能控制信号保持为高电平状态。此时，与非门处于开启状态，确保了从锁存器到输出口的数据传输通道畅通无阻。一旦这些引脚需要切换至其第二功能作用时，会将该引脚的锁存器置为高电平，并通过与非门来对第二功能信号进行放大或处理，以此实现第二功能信号的有效输出。这一机制允许芯片在同一时间内完成多种不同的操作，极大地提高了系统的灵活性和效率。

针对第二功能为输入的引脚，为了在不中断其作为 I/O 口输入的功能的同时，又能支持接收额外的输入信号，设计中通常会在口线上增加一个缓冲器。这样，输入的第二功能信号就从缓冲器的输出端获得，确保了信号的完整性和稳定性。当这些引脚用于 I/O 口线输入时，其接收信号则来源于三态缓冲器的输出端。这样一来，无论引脚作为基本的 I/O 接口使用，还是专门接收额外的输入信号，输出电路中的锁存器和第二功能输出信号线都能保持高电平状态，确保信号的稳定传递和正确处理。

（二）单片机控制 LED

发光二极管（LED）是一种高效的光源，它直接将电能转换为光能，以其体积小巧、能耗低的特点被广泛应用于微型计算机与数字电路的输出装置，用来显示信号状态。LED 技术的发展使得我们可以利用红色、绿色、黄色、蓝色，以及白色等多种颜色的 LED，其广泛应用在交通灯、大型电视屏幕和汽车尾灯等领域，替代传统灯具，不仅提高了照明效果，也显著延长了使用寿命。

发光二极管的符号如图 4-4 所示，其具备单向导电性。当外加的是反向偏压时，LED 处于截止状态而不发光；而当外加正向偏压时，LED 会导通并因通过的电流而发光。然而，LED 的正向导通电压约为 1.7 V，比普通二极管要高。LED 的发光亮度会随着通过的正向电流的增大而增强，但同时存在一个折衷关系：LED 的寿命会随着亮度的增加而缩短。因此，为了确保 LED 和单片机的安全工作，通常建议的工作电流为 10~20 mA。这意味着在将 LED 与单片机的输出引脚连接时，必须考虑接入限流电阻，以限制通过 LED 的电流，确保两者都能安全稳定地工作。通过合理选择限流电阻的阻值，不仅能有效控制 LED 的亮度，还能保护单片机的输出引脚免受过载电流的损害，延长整个系统的使用寿命。

发光二极管与单片机的连接示意如图 4-5 所示。D1 为发光二极管，R1 为限流电阻。关于限流电阻的参数选择：当输出引脚输出低电平时，输出端电压接近 0，LED 灯单向导通，导通电压约 1.7 V，R1 两端电压为 3.3 V 左右。若希望流过 LED 的电流为 15 mA，则限流电阻 R1 应该为 220 Ω。若想再让灯亮一点，可适当减小 R1 阻值。电阻越小，LED 越亮。R1 的选择范围一般为 200~330 Ω。

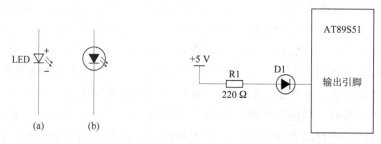

图 4-4　发光二极管的符号　　　图 4-5　发光二极管与单片机的连接示意

（三）单片机控制蜂鸣器

在单片机应用系统中，除了显示器件，还经常需要用到发声器件，其中最常见的是蜂鸣器。蜂鸣器是一种内置振荡源的一体化结构电子发声器件，通过直流电压供电，主要用于低要求的声音报警及发出各类操作提示音等场景。蜂鸣器在结构上类似于小型扬声器或喇叭，属于电感性负载。

蜂鸣器根据内部是否配备振荡源可分为有源蜂鸣器和无源蜂鸣器。有源蜂鸣器内置振荡源，因此仅需接通电源就能持续发声；而无源蜂鸣器则类似于普通的扬声器，内部不自带振荡源，需要用方波信号源驱动，且不同的信号源频率会导致发出的声音不同。由于有源蜂鸣器内部集成振荡电路，成本相对较高；无源蜂鸣器则凭借其价格低廉、声音频率可调节以及能与 LED 共享控制口等优势而广受青睐。

值得注意的是，蜂鸣器的工作电流较大，这通常超过了单片机 I/O 口的直接驱动能力，特别是对于 AVR 单片机，它们虽能驱动一些小功率蜂鸣器，但大多数情况下，仍需要借助放大电路进行驱动。在这个过程中，常用的放大元件是三极管，通过放大电路的设计，确保能够有效地驱动蜂鸣器，实现预期的音频输出效果。

最简单的蜂鸣器驱动电路只要一个三极管和一个限流电阻即可（图 4-6）。在要求较高的场合也可加一个起保护作用的二极管（图 4-7）。

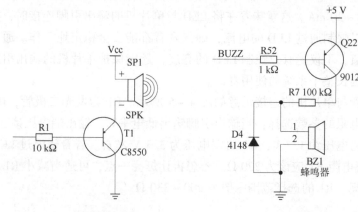

图 4-6　蜂鸣器驱动电路 1　　　图 4-7　蜂鸣器驱动电路 2

二、单片机的 I/O 口作为输入口的基础应用

(一) 单片机的输入口的结构与功能特点

这里要介绍单片机的 4 个并行 I/O 口作为输入口使用时需要注意的问题。虽然这 4 个 I/O 口的结构和功能不同,但在行使其输入功能方面,它们的结构、特点和工作原理大致一样,以 P0 口为例,其结构如图 4 - 8 所示。

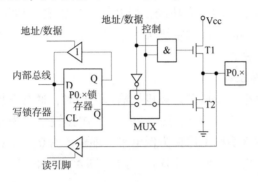

图 4 - 8　P0 口结构

在使用单片机时,当将 P0 口配置为输入状态时,首先必须执行 $P0 = 0 \times FF$ 指令,这样能够确保锁存器的状态为全 1 (Q = 1,Q = 0),使得 T2 (定时器 2) 处于截止状态。如果不进行此操作,P0.× 引脚可能会被"嵌位"在低电平状态,影响输入信号的正确接收。输入信号通过 P0.× 引脚到达读引脚三态门,然后进入内部总线,确保数据能够被准确地读取和处理。

另外,关于单片机对 P0 ~ P3 口作为输入口的使用约定,需要注意一点:在对这些并行 I/O 口进行读操作之前,应该先读取锁存器的内容,然后进行必要的处理,最后再将结果写回锁存器。这一过程被称为"读 - 修改 - 写操作"。这样的操作顺序确保了输入数据的一致性和完整性。

重要的是,无论 P0、P1、P2、P3 这四个并行 I/O 口在何时作为输入口使用,都必须在进行读操作前先将口线置为全 1 状态,以防止潜在的错误发生。这是因为未清零的输入状态可能导致数据读取错误或者逻辑状态的混淆。正确的初始化步骤能够保证程序的稳定性和可靠性。

(二) 按键的输入电路设计

1. 闸刀开关与按键开关

开关在数字电路中扮演着至关重要的角色,它们作为最基本的输入设备,主要负责将机械操作转换成电气信号,形成逻辑关系。这种转换使得开关能够提供符合 TTL 逻辑电平的标准输出,进而兼容通用数字系统的工作环境。

按照功能不同,开关大致可以分为闸刀开关和按键开关两大类。闸刀开关因其独

特的保持功能而显著区别于其他开关类型，一旦按动触点闭合或断开，仅需再次操作即可改变状态，非常适合在电子电路中使用，如拨码开关便是典型的闸刀开关应用实例。

相比之下，按键开关则具备自动恢复功能，即当按下开关后，松开手时，开关会自动恢复至初始状态。这类开关在电子电路中的典型代表就是轻触开关，其简洁的构造使得其在各种设备中得到广泛应用。

在单片机应用系统中，开关的应用更加广泛且多样化。例如，复位按键通常拥有专门的复位电路，实现系统的重启功能，但其他按键则更多地用作控制功能的设定或数据输入。每当指定的功能键或数字键被按下时，单片机应用系统会执行对应的操作，这一过程与软件设计紧密相关。

2. 按键及输入电路设计

要将按键作为数字电路或微型计算机的输入使用时，通常会接一个电阻到 5 V 电源或地，常用接法有两种（图 4-9）。图 4-9（a）中按键平时为开路状态，其中 470 Ω 的电阻连接到地，使输入引脚上保持为低电平，即输入为 0；当按键按下时，单片机的输入引脚经开关被接至电源 +5 V，即输入为 1［图 4-9（b）］。

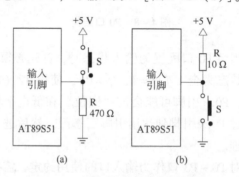

图 4-9　按键与单片机的连接示意

3. 按键的消抖处理

机械式按键在操作过程中，由于其受到物理弹性效应的影响，往往会伴随着触点的机械抖动现象。这个抖动过程包括从按下到稳定闭合以及从释放到稳定断开两个阶段，通常持续时间为 5~10 ms（图 4-10）。在触点处于这种短暂的不稳定状态时，如果直接进行按键状态的检测，很可能会因为信号的不稳定而产生误判，即一次按键动作可能被误识别为多次操作。因此，为了避免此类误判现象的发生，必须实施消抖处理。

对于按键数目不多的情况，通常采用硬件方式解决去抖问题，通过在按键输出端增加相应的电子元件，如 R-S 触发器或单稳态触发器来实现。R-S 触发器是一种双稳态触发器，无论按键的状态如何变化，一旦触发器的输出状态发生翻转，触点的后续机械抖动都不会对其输出造成任何影响（图 4-11）。这种方法的优点在于处理速度快，适合按键数量较少的情况，但可能会占用更多的硬件资源。

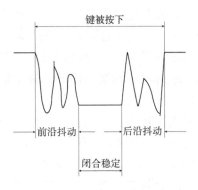

图 4 - 10   按键触点的机械抖动

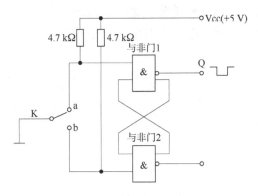

图 4 - 11   双稳态去抖电路

对于按键数量较多的场合，考虑到硬件去抖所需的资源和成本，更推荐采用软件方法来实现去抖。软件去抖主要通过编程算法来识别并消除误触发的现象。通常的做法是在按键输入信号的检测逻辑中加入一段延时处理，或者使用一些更复杂的信号处理技术，比如脉冲整形、平均值滤波等，以确保在按键实际被稳定按下或释放后才进行相应的处理，避免误判（可以理解为在程序代码层面实现去抖逻辑，如延时函数的使用，或通过统计连续的按键事件来确认一次有效的操作）。

在电子电路设计中，为了确保按键输入信号的稳定性和可靠性，常常采用双稳态电路来对按键输出进行处理。在初始状态下，当按键未按下时，假设 a 端为低电平（0）而 b 端为高电平（1），经过与非门 1 和与非门 2 的逻辑运算后，输出端 Q 将保持为高电平（1）。这是因为在此状态下，与非门 1 的输入端 a 为低电平，与非门 2 的输入端 b 为高电平，两者的逻辑运算结果使输出端 Q 为高电平。

然而，当按键按下时，尽管机械弹性作用导致按键存在抖动，但由于与非门 2 的反馈作用，系统能够在开关尚未完全稳定到达 b 端之前维持输出端 Q 的电平状态，从而避免了输出信号的波动。只有当开关稳定地到达 b 端，即 a 端变为高电平（1），b 端变为低电平（0）时，与非门 1 的输出才会翻转，进而触发双稳态电路状态的变化，使得输出 Q 转变为低电平（0）。这一过程确保了按键状态的准确捕获，并且避免了抖动引起的误判。

　　同样地，当释放按键后，开关未能迅速到达 a 端，此时输出 Q 保持为低电平，与非门 2 的作用阻止了状态的反转，有效抑制了后沿的抖动。当开关最终稳定到达 a 端，即 a 和 b 均变为低电平，双稳态电路再次执行状态翻转，恢复输出 Q 为高电平，完成了一个完整的按键操作周期。通过这一机制，按键的输出信号得以转化为干净的矩形波，显著提高了系统的稳定性和可靠性。

　　在软件层面，为了进一步消除按键输入的抖动影响，通常会引入延迟机制。当检测到按键被按下时，软件会启动一个预设时间间隔（例如 10 ms，具体时间依据具体应用和按键特性进行调整）的延迟程序。在这个延迟期内，软件会持续监测按键状态，以确认按键是否确实一直处于闭合状态。若检测到按键状态始终维持在闭合状态，即可确定按键已被按下，而不会误判为抖动信号。同理，在检测到按键释放后，同样执行类似的延迟和确认流程，以此来消除按键释放瞬间的抖动影响，确保系统能够准确地捕捉到按键的真正操作状态，进一步提升了系统的整体性能。

第五章

单片机应用系统综合设计

第一节 单片机应用系统设计的基础

一、单片机应用系统设计过程

(一) 单片机应用系统设计要求

1. 可靠性要高

在整体设计过程中，我们着重关注以下几个方面，以确保系统的稳定性和可靠性：

首先，在元器件的选择上，我们严格遵循高标准，优先采用那些经过验证、具有高可靠性的组件，从而有效预防因器件本身质量问题导致的系统故障，保障系统持续稳定运行。

其次，为了进一步提升电路的稳定性，我们倾向于采用业界公认的典型电路设计。这些设计经过长期实践检验，能够最大限度地排除潜在的不稳定因素，为系统提供坚实的电路基础。

再次，为了增强系统的容错能力，我们引入了必要的冗余设计策略。这意味着在关键部位配备备用组件或路径，一旦主组件或路径出现故障，备用部分能够迅速接管工作，确保系统功能的连续性。同时，我们也考虑了加入故障自检测和自处理功能，使系统能够自主识别并应对潜在的问题，减少对人工干预的需求。

最后，针对环境干扰这一常见挑战，我们采取了一系列周密的抗干扰措施。这些措施包括但不限于电磁屏蔽、滤波设计，以及合理的布线策略等，它们共同构成了系统的防护网，可有效抵御来自外部环境的干扰信号，确保信号传输的准确性和系统工作的稳定性。

2. 操作维修要方便

在系统设计过程中，我们着重强调以下几点，以确保其高效性、易用性和可维护性：

首先，系统结构的设计需遵循规范化与模块化的原则。这意味着将系统划分为若干个功能独立、接口明确的模块，每个模块负责完成特定的任务，并通过标准化的接口与其他模块进行交互。这种设计方式不仅提高了系统的可理解性和可维护性，还便于后续的扩展与升级。

其次，我们注重简化系统的控制开关设计，避免设置过多的控制开关，力求使控制逻辑简洁明了，减少用户操作的复杂性和出错的可能性。通过合理的布局和标识，用户能够轻松掌握并操作控制开关，提高系统的易用性。

再次，操作顺序和操作功能的设计也力求简单明了、直观易懂。我们努力将复杂的操作逻辑抽象为简单的步骤，通过直观的界面或指示引导用户完成操作。同时，确保每个操作功能都清晰明确，用户无须进行过多的思考和判断，即可实现预期的目标。

最后，我们非常关注系统的故障排查与处理能力。合理的电路布局、可靠的元器件选择，以及有效的故障诊断机制，使得系统一旦出现故障，能够迅速定位问题所在，并提供便捷的排除故障的方法。这不仅提高了系统的可维护性，也降低了维护成本，减少了维护时间。

3. 性能价格比要高

优化系统设计，简化外围硬件电路，或采用硬件软化技术提高系统的性能价格比。

4. 具有加密功能

应考虑软件是否具有加密功能，使固化到单片机内的用户程序不能被非法读出或复制。

（二）单片机应用系统的组成

任何单片机应用系统基本上都由两大部分组成：硬件系统和软件系统。

1. 硬件系统

硬件系统架构由单片机作为核心控制单元，辅以存储器、多样化的 I/O 接口，以及一系列外围设备共同构成（图 5-1）。单片机作为整个系统的中枢，负责执行程序逻辑与数据处理任务。存储器则扮演着关键角色，用于存放单片机的运行程序及必要的数据信息。

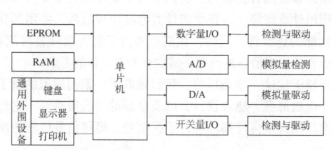

图 5-1 单片机系统硬件组成示意

I/O 接口模块作为单片机与外界交互的桥梁，细分为几个关键部分：数字量 I/O 接口处理频率、脉冲等信号；开关量 I/O 接口连接继电器开关、无触点开关、电磁阀等设备，实现开关控制；模拟量 I/O 接口则通过 A/D（模拟到数字）或 D/A（数字到模拟）转换电路，负责模拟信号与数字信号之间的转换。

此外，通用外部设备（如键盘、显示器、打印机等）在系统与用户之间搭建了便捷的人机交互平台，促进了信息的有效传递与反馈。

在系统的末端，检测与执行机构协同工作，确保控制指令的精准执行。检测单元，通常由传感器构成，负责将各类被测物理量转换为电信号，以供单片机进行进一步处理。而执行机构则依据单片机的指令，采用电动、气动或液压等多种驱动方式，直接作用于被控对象，实现控制目标。这一完整架构共同构成了高效、灵活的硬件系统。

2. 软件系统

软件系统主要由两大核心类别组成：实时软件与开发软件。实时软件，作为软件设计的核心产物，是专为特定单片机控制系统量身定制的软件程序。这些程序由软件工程师精心编写，旨在实现对整个单片机系统的高效管理与精确控制，确保系统能够按照预设的功能要求稳定运行。

开发软件在控制系统的开发与调试阶段扮演着不可或缺的角色。它涵盖了从代码编写到系统部署的全流程工具集，包括但不限于汇编器、编译器，用于将高级语言代码转换为单片机可执行的机器码；调试与仿真软件，帮助开发者在不实际部署硬件的情况下模拟系统运行，快速定位并修复问题；以及编程下载软件，负责将编写好的程序安全、可靠地传输到单片机中，完成系统的最终部署。这些开发软件工具共同构成了控制系统开发流程中的重要支撑体系。

（三）单片机应用系统设计步骤

单片机应用系统设计步骤可以分为以下几个阶段（图5-2）。

1. 确定总体设计方案

确定总体设计方案是系统设计流程中的关键环节，它涵盖了从需求洞察到具体实施路径的全面规划。这一过程起始于用户需求分析与方案调研，旨在通过深入市场与用户调研，明确系统设计目标、技术指标及功能需求，包括分析国内外同类系统现状、界定被控参数类型与范围、设定系统性能指标、明确显示、报警及打印等辅助功能需求，并评估软硬件技术难度及研发重点。

紧接着进行可行性分析，该步骤是对项目必要性及实施可行性的综合考量，旨在基于需求调研结果，判断项目是否值得推进及实施条件是否成熟。

随后进入系统方案设计阶段，这是构建系统逻辑模型的核心环节。此阶段工作涉及多个方面：首先，通过理论分析与计算，选定合适的控制算法；其次，根据系统需求选择适宜的单片机型号；再次，科学划分软硬件功能，平衡软硬件资源配比；复次，详细规划硬件配置，包括系统扩展策略、外围电路布局及接口电路设计，并绘制功能框图以直观展示，同时明确软件功能模块划分，设计各模块程序实现路径，绘制流程图以指导编程；最后，评估系统软硬件资源需求，合理分配存储空间，确保系统资源的高效利用。这一系列细致入微的规划工作，为系统后续的具体实施奠定了坚实基础。

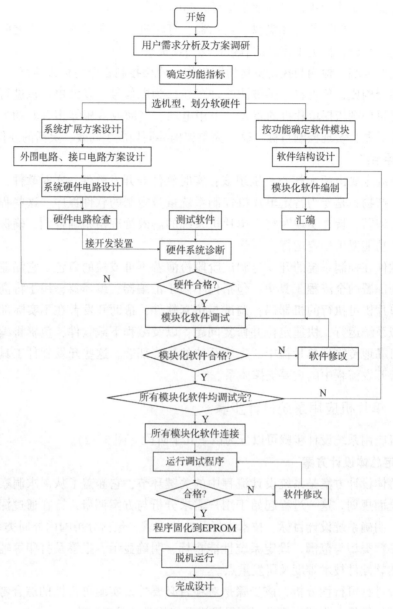

图 5-2　单片机应用系统设计过程框

2. 系统的详细设计

系统设计包括硬件设计与软件设计两大部分。

（1）硬件设计

硬件设计的核心任务是根据总体设计蓝图，精心绘制系统的硬件电路原理图，并初步规划印制电路板的布局，确保设计方案的有效实施。这一过程涵盖两大关键领域：单片机系统扩展与系统配置。单片机系统扩展旨在解决单片机内部资源不足的问题，通过外部扩展来满足应用系统的特定需求，包括但不限于程序存储器与数据存储器的扩容、I/O 接口电路的增强、定时/计数器及中断系统的功能拓展，例如采用 8155、8255 等芯片进行 I/O 接口的扩展。而系统配置则聚焦于根据系统功能要求，合理配备外围设备及接口，如键盘、显示器、打印机、A/D 或 D/A 转换器等，以构建完整的功能体系。

在进行系统扩展与配置时，需遵循一系列重要原则以确保设计的合理性与高效性：首选典型通用的电路方案，以提高设计的稳定性和可维护性；同时，扩展与配置应预留足够的空间，便于未来系统的升级与扩展；在硬件设计时，应综合考虑软件实现的可能性，通过软件优化来减轻硬件负担，简化硬件结构；此外，元器件的选用应基于性能匹配与低功耗的原则，以优化系统整体效能；还需适当评估 CPU 的总线驱动能力，确保信号传输的稳定可靠；最后，可靠性及抗干扰性设计不容忽视，需采取有效措施抵御外部干扰，保障系统长期稳定运行。

（2）软件设计

软件设计的核心使命在于，依据总体设计框架与硬件设计细节，精心构建程序架构，合理分配内部存储器资源，明确划分软件功能模块。这一过程涵盖从顶层策略规划到具体代码实现的全方位考量，包括设计主程序流程、逐一开发各个功能模块的程序，并确保各模块间的无缝协同工作。最终，通过集成这些模块，形成完整、高效的系统控制程序，实现对整个硬件平台的精确操控与管理。软件设计的内容及步骤如图 5 - 3 所示。

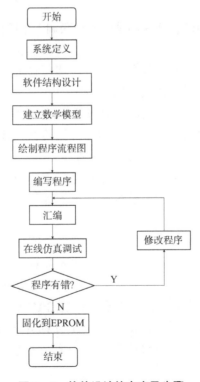

图 5 - 3　软件设计的内容及步骤

在软件设计过程中，首要任务是进行系统定义，明确各输入/输出端口的地址分配及工作方式，并合理规划主程序、中断程序、数据表格及堆栈等所需的存储空间。随后进入软件结构设计阶段，此阶段常采用模块化、自顶向下逐步求精以及结构化等程序设计方法。模块化设计将复杂程序分解为独立的功能模块，便于独立设计与调试；自顶向下方法则从宏观入手，逐步细化至具体实现；结构化程序设计强调程序结构的清晰与流程的一致性，限制复杂跳转，提升程序稳定性。

紧接着，建立数学模型，精确描述输入输出变量间的数学关系，并据此确定算法逻辑。随后，根据系统功能、操作流程、软件架构及算法细节绘制详尽的程序流程图，作为编程的直观指导。

编程环节，依据流程图选择适宜的编程语言（如汇编语言、C51 或高级语言）来编写主程序及各功能模块代码，确保代码实现与设计意图一致。完成编程后，进入汇编与调试阶段，利用汇编工具将源代码转换为机器码，并通过仿真器进行反复测试与调整，确保程序无误。

在整个设计过程中，还需注意以下关键点：一是合理设计软件架构，采用结构化设计原则，促进代码的模块化、子程序化及规范化，便于后续维护；二是高效分配系统资源，包括程序与数据存储器、定时/计数器、中断源等，确保资源利用最大化；三是编程前绘制流程图，提升设计效率；四是注重代码可读性，为团队协作与后续开发奠定坚实基础；五是强化软件抗干扰设计，通过有效措施提升应用系统的整体可靠性。

3. 仿真调试

仿真调试可分为硬件调试、软件调试和系统联调 3 个阶段。

（1）硬件调试

硬件调试是确保用户系统稳定运行的关键步骤。它依赖于开发系统中配备的基本测试工具，如万用表和示波器，并结合执行特定的开发系统命令或测试程序来识别并修正硬件故障。这一过程分为静态调试与动态调试两个阶段。

静态调试是在系统未通电状态下进行的一种预检查，旨在通过非侵入式手段评估硬件的完整性，其主要采用的方法包括直观检查（目测）、使用万用表进行电气参数测试，以及谨慎的加电前测试，来细致核查印制电路板的布局、各芯片与元器件的焊接质量、电源系统的稳定性以及外围电路的连接准确性等，确保所有硬件组件在物理与电气层面均符合设计要求。

动态调试则是在系统通电并运行状态下进行的故障排查与修复工作。这一过程遵循由局部到整体、由简单到复杂的调试原则，首先针对各个单元电路逐一进行功能验证，确保每个模块都能正常工作；随后，再将各个单元电路整合起来，进行全系统的综合调试。动态调试的核心内容包括但不限于扩展 RAM 的测试、I/O 接口及其连接设备的验证、晶振与复位电路的可靠性试验、A/D 与 D/A 转换器的精度与稳定性评估，以及显示、打印、报警等外围电路的功能检查，通过这些步骤全面排查并消除系统中可能存在的动态硬件故障。

（2）软件调试

软件调试是通过对用户程序的汇编、连接、执行来发现程序中存在的语法错误与逻辑错误并加以排除纠正的过程。

软件调试的一般方法是先独立后联机、先分块后组合、先单步后连续。

（3）系统联调

系统联调是确保用户系统软硬件协同工作的关键环节，涉及将软件部署至实际硬件平台并执行联合调试。在此过程中，需特别注意以下几点：首先，对于包含电气控制负载（如加热元件、电动机）的系统，务必先进行空载试验，以避免潜在风险；其次，全面测试系统的每一项功能，确保无遗漏，并通过精细调整软件或硬件参数，使检测与控制精度达到设计要求；再次，在主电路切换电气负载时，应密切关注微型计算机是否受到电磁干扰影响，以保障系统稳定运行，在综合调试阶段，推荐使用仿真器的全速断点或连续运行模式以加速调试进程，并在调试末期替换为用户样机中的实际晶振，以模拟真实运行环境；复次，系统需经历连续稳定运行测试，以充分验证硬件部分的长期稳定性；最后，对于部分系统而言，其实际工作环境可能是在生产现场，而实验室条件下仅能进行部分模拟调试，这类系统必须在最终的生产现场完成全面的综合调试工作，以确保所有功能在真实条件下均能正常运作。

4. 文件编制阶段

一个完整的技术文档应当涵盖多个关键部分，以确保设计项目的全面性与可实施性。文档首要包含任务描述，清晰阐述项目的背景、目的及预期成果。紧接着，阐述设计的指导思想，明确设计的基本原则与理念，并深入论证所选设计方案的科学性与合理性。随后，提供性能测定数据及现场试用报告，详细说明系统的实际表现与验证结果，为项目的有效性提供实证支持。

此外，文档中还应包括详尽的使用指南，指导用户如何正确操作与维护系统。软件资料部分则是不可或缺的，它应包含程序流程图以直观展示程序逻辑，子程序使用说明以解析各模块功能，地址分配表明确资源利用情况，以及完整的程序清单供技术人员参考与修改。

至于硬件资料，同样需要全面而细致地记录，包括详细的电路原理图以展示各部件间的电气连接，元器件布置图及接线图便于现场安装与排障，接插件引脚图明确接口定义，印制电路板图辅助 PCB 设计与生产，同时附上必要的注意事项，提醒用户在使用过程中可能遇到的问题及预防措施。这些资料的综合整理，为项目的顺利实施与后期维护奠定了坚实基础。

二、单片机的选型

（一）单片机的性能指标

单片机作为微控制器，其性能与特性多样，涵盖多个关键方面。首先，单片机的位数决定了其数据处理能力，现有 4 位、8 位、16 位及 32 位等多种规格，位数越高，数据处理能力越强。其次，单片机的运行速度依赖于外部晶振或时钟信号的频率，如AT89S51 可达 33MHz。速度提升虽增强执行效率，但也需注意功耗增加及其与外围接口芯片速度的匹配情况。

在存储器方面，单片机有片内 ROM 型、EPROM 型、Flash 型等多种结构，各自适用于不同的开发与应用场景，如 EPROM 型与 Flash 型便于调试但成本较高，ROM型则适用于大规模生产。同时，单片机内置 RAM 容量有限，大容量数据存储需外接 RAM。

中断与定时器是单片机的重要资源，支持多个中断源及优先级控制，满足复杂事件处理需求。内置 2 至 3 个定时器，支持时间控制功能。输入/输出端口类型多样，包括标准 I/O 口及具备特殊功能的端口，如 SPI、I2C 串行通信、A/D 转换等，增强了单片机的应用灵活性。

此外，功耗、封装及环境温度也是选择单片机时需考虑的因素。低功耗设计常见于电池供电设备，采用 HCMOS 工艺实现。封装类型多样，如 DIP、QFP、PLCC，选择时需综合考量实际应用需求、成本及可加工性。根据工作环境温度，单片机分为商业级、工业级、汽车级及军用级，满足不同领域的严苛要求。

最后，单片机的极限参数如最高/最低使用电压与温度、最大功耗与电流、端口最大输入输出电流、焊接温度与时间等，是确保单片机在极端条件下稳定工作的关键指标。

（二）单片机的选型原则

单片机的选型需综合考虑其系统适应性与可开发性两大关键方面，以确保所选单片机能够高效、可靠地完成特定应用系统的控制任务，并具备良好的开发体验与后续支持。

在系统适应性方面，首先要关注的是单片机是否能满足应用系统的具体需求，这包括检查其是否具备足够的 I/O 端口数、所需的中断源及定时器资源、必要的外围端口部件，以及是否拥有合适的计算处理能力来应对复杂的运算任务。此外，极限性能也是考量因素之一，确保单片机在极端条件下仍能稳定运行。

单片机的可开发性同样重要，它直接关系到开发过程的效率与便捷性。开发工具的选择是评估可开发性的核心，包括开发环境（如汇编程序、编译连接程序）、调试工具（如在线仿真器、逻辑分析工具、调试监控程序）的完备性，以及在线技术支持的可用性（如实时执行的 BBS 服务、应用案例分享、缺陷故障报告系统、实用软件下载、样本源码获取等）。同时，制造商提供的应用支持也至关重要，包括是否有专职的应用支持机构、应用工程师及销售人员的协助、支持人员的专业素养，以及能否通过便捷的通信工具获得及时的帮助。

综上所述，通过全面评估单片机的系统适应性与可开发性，结合制造商的历史背景、产品性价比、购买途径、供货稳定性及未来改进计划等因素，可以选出最适合具体应用系统的单片机，进而构建出可靠性高、性价比高、使用寿命长且易于升级换代的应用系统。

三、单片机的抗干扰技术

(一) 干扰的来源

在单片机应用产品的开发过程中,开发者时常会遭遇一个普遍且棘手的挑战:尽管在实验室环境下系统表现出色、运行平稳,然而一旦进入小批量生产并部署至实际工作现场,系统却展现出不稳定、异常的行为模式。这一现象的核心根源,往往指向了系统抗干扰设计的不足。干扰,作为有用信号之外的噪声或具有破坏性的变异因素,其存在不容忽视。若在设计阶段未能全面、有效地考虑并实施抗干扰措施,便极易导致应用系统在实际操作环境中的可靠性大打折扣,进而影响整体性能与用户体验。因此,强化系统的抗干扰能力,确保其在各种复杂环境下均能稳定运行,是单片机应用产品开发中不可或缺的一环。

表 5 - 1 为单片机应用系统出错的主要现象及原因。

表 5 - 1 单片机应用系统出错的主要现象及原因

序号	出错的主要现象	出错的主要原因
1	死机	单片机内部程序指针错乱,使程序进入死循环。 RAM 中的数据被冲乱,使程序进入死循环
2	系统被控对象误操作	单片机内部程序指针错乱,指向了其他地方,运行了错误的程序。 RAM 中的某些数据被冲乱,使程序计算出现错误的结果。 外围锁存电路受干扰,产生误锁存,从而引起被控对象的误操作
3	被控对象状态不稳定	锁存电路与被控对象间的线路(包括驱动电路)受干扰,从而造成被控对象状态不稳定
4	显示数据混乱或闪烁	单片机内部程序指针错乱,指向了其他地方,运行了错误的程序。 RAM 中的某些数据被冲乱,使程序计算出现错误的结果。 显示器的锁存电路受干扰,造成显示器不断地闪烁
5	定时不准	单片机内部程序指针错乱,使中断程序运行超出定时时间。 RAM 中计时数据被冲乱,使程序计算出现错误的结果

单片机控制系统中的错误频发与外部干扰因素紧密相连,这些干扰主要源自多个方面,对系统稳定运行构成严重威胁。首要的是供电系统的干扰,电源开关操作、大型电机及设备的启停会引发电网波动,产生高达数百乃至数千伏的尖峰脉冲,直接侵扰单片机控制系统,此类干扰因其广泛性与严重性而成为首要防范对象。

其次,过程通道中的干扰亦不容忽视。在单片机应用系统中,开关量与模拟量的输入输出通道是信息交互的关键路径,但也成为干扰侵入的薄弱环节。这些通道不仅直接暴露于外部干扰之下,通道间的控制线与信号线还可能通过电磁感应相互干扰,导致程序出错乃至系统瘫痪。

再次,空间电磁波干扰同样不容忽视,它源自天体辐射、无线电广播、通信设备以及周边电气设备的电磁发射。在电磁波密集区域，若单片机应用系统缺乏有效的防护措施，则极易受到干扰影响。幸运的是，此类干扰通常可通过合理的屏蔽与接地手段得到有效缓解。

综上所述，针对供电系统、过程通道及空间电磁波等干扰源，必须采取针对性的抗干扰策略，以全面提升单片机应用系统的抗干扰能力，确保其在复杂环境中稳定、可靠地运行。

（二）硬件抗干扰技术

在单片机应用系统中，为有效抵御外部干扰，提升系统整体的稳定性与可靠性，常采用一系列硬件抗干扰技术。针对供电系统，首要任务是提高供电质量，具体措施包括将单片机输入电源与强电设备动力电源严格分离，选用具备静电屏蔽与电磁干扰防护功能的隔离电源变压器，以及在交流进线端安装低通滤波器以滤除高频干扰，同时确保滤波器外壳屏蔽良好并接地，输入输出引线隔离以防感应与辐射耦合，直流输出端则通过大容量电解电容实现平滑滤波。对于小型或微型系统，可考虑增设交流稳压器以抑制电网电压波动。此外，采用独立功能块单独供电，并集成两级稳压块，以及提高接口器件电源电压，均能有效提升供电系统的抗干扰能力。

在过程通道方面，作为信息传输的关键环节，其抗干扰设计尤为重要。为减少长距离连接线引入的干扰，可采取光电隔离、继电器隔离或固态继电器隔离等措施，实现前后电路的电气隔离。同时，利用双绞线传输信号，可有效降低电磁感应，抑制噪声干扰。对于模拟信号，可采用隔离放大器进行隔离处理，进一步增强抗干扰性。针对机械触点抖动产生的噪声，可通过滤波电路、单稳态电路、触发器电路及施密特电路等手段进行有效抑制。此外，针对电感性负载启停操作产生的高频干扰，压敏电阻与阻容吸收电路的组合使用提供了有效的解决方案。这些措施共同构成了过程通道抗干扰的坚实防线（图5-4）。

（三）软件抗干扰技术

1. 软件滤波技术

在单片机系统中，干扰信号一旦侵扰输入通道，往往会显著增加数据采集的误差，进而影响系统性能。因此，单片机在接收输入信号后，实施对输入数据真实性的甄别至关重要。这一过程通过软件手段实现，即软件滤波技术，它能有效区分正常输入信号与干扰信号，从而剔除因输入信号干扰导致的错误输出控制。软件滤波技术中，常用的方法包括算术平均值法、比较取舍法、中值法以及一阶递推数字滤波法等，每种方法的选择需紧密依据输入信号的具体变化规律来决定，以确保滤波效果最优化。此外，针对开关量输入，常采用多次采集的策略，通过对同一开关状态进行连续检测，可以有效消除因机械触点抖动而产生的误判，进一步提升系统的抗干扰能力和数据准确性。

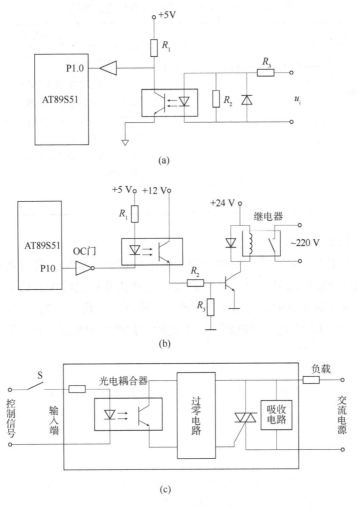

(a)

(b)

(c)

图5－4 几种常用隔离电路

（a）光电隔离电路；（b）继电器隔离电路；（c）SSR 隔离电路

2. 设置软件陷阱

当单片机系统遭遇外部干扰，导致 PC 值偏离预设轨迹时，程序将偏离正常运行路径，可能引发操作数数值的意外变更，甚至将操作数错误地解释为操作码，出现所谓的"跑飞"现象。为了应对这一挑战，我们可以部署软件陷阱与"看门狗"技术，确保程序能够迅速且自动地恢复到稳定运行状态。软件陷阱是一系列精心设计的指令序列，其作用在于捕获那些因干扰而迷失方向的程序，引导它们重新步入正轨，或是直接将"跑飞"的程序安全地引导回程序的初始状态，从而有效防止系统因程序失控而造成更严重的后果。软件陷阱的两种指令形式及适用范围如表5－2所示。

表5-2 软件陷阱的两种指令形式及适用范围

形式	软件陷阱形式	对应入口形式	适用范围
1	NOP NOP LJMP 0000H	0000H：LJMP MAIN； 运行程序	①双字节指令和3字节指令之后 ②0003~0030H 未使用的中断区
2	LJMP 0202H LJMP 0000H	0000H：LJMP MAIN； 运行主程序 … 0202H：LJMP 0000H …	③跳转指令及子程序调用和返回指令之后 ④程序段之间的未用区域 ⑤数据表格及散转表格的最后 ⑥每隔一些指令（一般为十几条指令）后

（1）未使用的中断区

在单片机系统中，若未使用的中断因外部干扰被意外激活，通过在对应的中断服务程序中预先设置软件陷阱，可以有效捕捉并处理这些错误的中断请求。在编写中断服务程序时，需特别注意中断返回指令的选择，既可以使用标准的 RETI 指令，也可以根据具体需求采用 LJMP 进行长跳转。以下是两种常见的中断服务程序形式，它们均体现了这一处理策略：

形式一：

NOP；空操作，作为软件陷阱的一部分，可能用于延时或对齐

NOP

NOP

NOP

POP direct1；将先前由于中断而自动压栈的断点地址弹出到直接寻址单元

PUSH ACC ；将累加器内容压栈保护，虽然在此上下文中可能并非必需，但为保持一致性

PUSH ACC ；重复压栈操作，可能依据具体设计调整

RETI ；使用 RETI 指令正常返回中断，同时自动弹出断点地址到程序计数器

形式二：

NOP；同上

NOP

NOP

NOP

POP direct1；弹出断点地址

POP direct2；根据实际需求，可能用于弹出其他重要寄存器的内容或作为备用

CLR A ；清除累加器，作为程序状态初始化的一部分

PUSH ACC ；将清零后的累加器压栈，此步骤可能根据具体设计调整

LJMP 0000H；使用长跳转指令直接跳转到程序的固定入口点（如复位向量），作为

118

软件陷阱的一部分

　　注意，在实际应用中，第二种形式中直接使用 LJMP 0000H 跳转至程序起始地址可能并不总是最佳选择，因为它跳过了正常的中断返回流程。此处的 LJMP 0000H 更多是为了展示软件陷阱的一种极端处理方式，实际应用中应根据具体需求灵活调整，确保既能有效处理错误中断，又能维持系统的整体稳定性和可预测性。

　　（2）未使用的 EPROM 空间

　　在单片机系统中，由于 EPROM（可擦编程只读存储器）的容量往往大于实际程序所需，因此会存在一部分未使用的非程序区。为了增强系统的抗干扰能力，防止程序"跑飞"时进入这些非程序区引发不可预测的行为，通常建议将这些未使用的区域用特定的数据模式填满。常用的填充模式包括 0000020000 或 020202020000 等，但不论采用何种模式，重要的是保持数据填充的一致性。

　　特别需要注意的是，在填充非程序区时，最后一条填入的数据应为 020000。这是因为当程序因干扰而"跑飞"至这些非程序区时，如果最后的数据模式设计得当，如以 02 作为操作码前缀（假设 02 在单片机指令集中是某个跳转或返回指令的一部分），紧接着的 0000 则可能被视为该指令的操作数或地址部分，从而引导程序跳转到一个已知的安全地址，如中断向量表或程序的重置入口点，实现程序的自动"入轨"，避免系统崩溃或进入不可控状态。

　　然而，值得注意的是，具体的填充模式和数据选择应根据单片机的具体指令集和系统设计需求来确定，以确保在程序"跑飞"时能够达到预期的安全恢复效果。同时，随着现代单片机技术的发展，许多新型单片机已经内置了更为先进的抗干扰机制，如看门狗定时器等，但合理的非程序区数据填充仍然是一种简单而有效的补充手段。

　　（3）非 EPROM 芯片空间

　　在单片机系统中，若其寻址空间设计为 64KB，但实际应用中仅安装了一片容量为 8KB 的 2764 EPROM 芯片，那么剩余的 56KB 地址空间将处于未使用状态，形成闲置空间。当程序因外部干扰而"跑飞"至这些闲置地址空间时，由于这些区域未被编程，读取到的数据往往是不确定的，但在某些情况下，这些未定义的数据可能恰好与单片机指令集中的某条指令码相匹配，如"MOVR7，A"（假设其机器码包含 0FFH 字节），执行这样的"伪指令"将可能导致寄存器 R7 的内容被意外修改，进而影响程序的正常运行。

　　为了应对这一问题，可以采用额外的电路与软件策略相结合的方式。如图 5-5 所示，利用一个 3/8 译码器（如 74LS138）来监测程序计数器的状态。当 PC 的值落入 2000H 至 FFFFH 这一闲置地址空间范围时，译码器的输出 Y0 将被置为高电平。此时，如果单片机正在执行取指令操作（表现为 PSEN 信号为低电平），该高电平信号可以触发一个外部中断。在中断服务程序中，通过设置软件陷阱，我们可以编写一系列指令来识别并处理这种异常情况，将"跑飞"的程序引导回正确的执行路径，从而确保系统的稳定性和可靠性。这种方法有效地利用了硬件电路与软件逻辑的协同作用，增强了单片机系统对抗程序"跑飞"的能力。

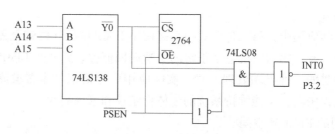

图 5 – 5　非 EPROM 区防"跑飞"电路

（4）运行程序区

鉴于模块化设计在程序开发中的广泛应用，单片机程序也倾向于以模块化的形式运行，每个模块负责特定的功能。在这种架构下，为了增强系统的抗干扰能力，可以将陷阱指令组巧妙地分散嵌入用户程序各模块之间的空闲存储单元中。通常，每 1 KB 的空间内设置几个陷阱指令就足够应对大多数情况，这样既不会过多占用宝贵的程序空间，又能有效捕获"跑飞"的程序。

在正常程序执行过程中，这些陷阱指令不会被触发执行，从而确保了用户程序的流畅运行不受干扰。然而，一旦程序因外部因素"跑飞"并误入这些陷阱区域，陷阱指令将立即发挥作用，将失控的程序迅速拉回到预定的执行轨道上，防止系统进入不可预测的状态。这种策略充分利用了程序空间的灵活性，以最小的资源开销实现了对程序"跑飞"的有效防护。

（5）中断服务程序区

在单片机系统中，假设用户主程序的运行区间被限定在地址 add1 至 add2，同时定时器 T0 被配置为每 10 ms 产生一次中断。若程序因外部干扰而"跑飞"，跳出了预定的运行区间，并在此时恰好发生了定时中断，我们可以通过在中断服务程序中执行一系列检查来识别并处理这种情况。

当中断发生时，程序首先通过 POP 指令将当前断点地址的高字节和低字节分别保存到临时存储单元 2FH 和 2EH 中。紧接着，为了恢复中断前的执行上下文，这些地址值又被推回堆栈。随后，程序通过一系列比较操作来验证断点地址 addx（2FH：2EH 指向的地址）是否仍位于用户主程序的合法运行区间 add1 至 add2。

以 add1 = 0100H 和 add2 = 1000H 为例，比较过程首先清除进位标志 C，然后将断点地址的低字节与 add1 的低字节（00H）进行比较，若小于则继续比较高字节；若低字节不小于，则进行高字节的比较，同时将 add1 的高字节（01H）与断点地址的高字节相减。如果断点地址小于 add1，则跳转到 LOOP 标签处执行复位程序，即将程序计数器重新指向复位入口地址 0000H，使"跑飞"的程序得以恢复正常运行。

若断点地址不小于 add1，则进行与上限地址 add2 的比较。但这里省略了具体的比较代码，理论上应该执行类似的减法操作来判断断点地址是否超出了 add2。如果超出，同样跳转到 LOOP 执行复位操作。

若断点地址位于合法区间内，则程序通过 RETI 指令正常返回中断，继续执行被中断的用户程序。而 LOOP 标签下的代码段负责在确认程序"跑飞"后，通过修改堆栈中的断点地址（尽管此例中未实际修改，仅为示例结构），清空累加器，并将其值推入堆栈两次（可能是为了与某些复位向量的期望状态对齐），最后通过 RETI 返回中断，但此时由于 PC 被重置为 0000H，实际上是重启了程序。

请注意，上述代码示例中省略了与 add2 比较的具体实现细节，且 LOOP 标签下的操作在实际应用中可能需要根据具体单片机架构和复位向量的要求进行调整。

3. 设置程序运行监视系统

程序运行监视系统，又叫"看门狗"，其作用类似于主人（单片机）身边的一条忠诚的"狗"。在正常运作时，主人会定期给予"狗"食物（执行特定的喂狗操作），以示一切正常。若主人因故未能按时喂食（如程序陷入死循环或系统卡死），"狗"在饥饿到一定程度后，便会采取行动唤醒主人，防止事态恶化。这一过程体现了"看门狗"作为监视跟踪定时器的核心作用，它能够有效帮助单片机从异常状态中恢复，确保系统的稳定运行。

实现"看门狗"技术既可通过专门的硬件电路，也可利用单片机内部的定时/计数器通过软件方式达成。现代单片机设计中，很多已内置了程序运行监视系统，如 AT89S51 单片机就集成了"看门狗"电路。

AT89S51 的"看门狗"电路由一个 14 位的 WDT 计数器和一个看门狗复位寄存器 WDTRST 组成，其中 WDTRST 寄存器的特殊功能寄存器（SFR）地址为 A6H。默认情况下，"看门狗"在外部复位时处于关闭状态。要激活"看门狗"，用户必须按照特定顺序向 WDTRST 寄存器写入特定的序列值：首先写入 1EH，紧接着写入 0E1H。激活后，WDT 会在每个机器周期内自动计数，一旦计数器溢出（计数到 16 383，即 3FFFH），将触发单片机复位端 RST 输出高电平复位脉冲，强制单片机重启。值得注意的是，除了硬件复位或 WDT 溢出，没有其他方法可以关闭 WDT。因此，一旦 WDT 被激活，用户程序必须在规定的时间内（16 383 个机器周期内）通过向 WDTRST 寄存器写入相同的序列值来"喂狗"，以避免 WDT 溢出复位。

在程序设计中，激活看门狗的操作通常放在初始化部分，示例代码如下：

```
ORG 0000H    ；程序起始地址
LJMP BEGIN；跳转到程序主体
BEGIN：
MOV 0A6H，#1EH；向 WDTRST 寄存器写入 1EH，激活看门狗第一步
MOV 0A6H，#0E1H；紧接着写入 0E1H，完成看门狗激活
；主程序中的其他部分...
；在适当位置插入喂狗指令
NEXT：
...；主程序逻辑
MOV 0A6H，#1EH；喂狗操作第一步
MOV 0A6H，#0E1H；喂狗操作第二步
```

... ；继续主程序逻辑

LJMP NEXT；跳转到下一循环或程序段，持续监控

通过上述方式，可以确保单片机系统在异常情况下能够自动复位，提高系统的可靠性和稳定性。

第二节　数字钟设计

一、设计目的

掌握液晶或者 LED 显示，定时/计数器综合应用程序的设计与分析方法。

二、设计要求

（1）共四位 LED 显示，显示时间为 00：00 ~ 59：99。

（2）共五个按键，分别是开始/暂停、记数、上翻、下翻、清零。

（3）能同时记录多个相对独立的时间并分别显示。

（4）翻页按钮查看多个不同的计时值。

三、设计程序

程序说明：数字秒表可以同时计 8 个不同的时间，在计时时可以通过上翻和下翻查看之前的时间，超过 8 个计时后，不能上翻和下翻。接线说明：

```
#include <reg52.h>
code unsigned char tab [] = {0×3f, 0×06, 0×5b, 0×4f, 0×66, 0×6d, 0×7d, 0×07, 0×7f, 0×6f}; // 共阴数码管 0 ~ 9
code unsigned char tabl [] = {0×BF, 0×86, 0×DB, 0×CF, 0×E6, 0×ED, 0×FD, 0×87, 0×FF, 0×EF}; // 共阴数码管 0 ~ 9 带小数点
sbit key1 = P2^0; // 开始/暂停
sbit key2 = P2^1; // 记数
sbit key3 = P2^2; // 上翻
sbit key4 = P3^2; // 下翻
sbit key5 = P1^4; // 清零
sbit P10 = P1^0;
sbit P11 = P1^1;
sbit P12 = P1^2;
sbit P13 = P1^3;
static unsigned char ms, sec;
static unsigned char Sec [8], Ms [8];
```

```
static int i = 0, j = 0;
void delay (unsigned int cnt) {
while (cnt − −);
}
void timer0_isr (void) interrupt 1 using 1 { // 定时器 0 中断服务程序
TH0 = 0 × d8;
TL0 = 0 × f0;
ms + +;
if (ms > = 100) {
ms = 0;
sec + +;
if (sec > = 60) {
sec = 0;
}
}
}
void timer1_isr (void) interrupt 3 using 0 { // 定时器 1 中断服务程序, 用于动态扫
描显示
static unsigned char num = 0;
TH1 = 0 × F8;
TL1 = 0 × f0;
P1 = 0 × ff; // 关闭所有 LED
switch (num) {
case 0: P10 = 0; P0 = tab [sec / 10]; break; // 显示秒十位
case 1: P11 = 0; P0 = tabl [sec % 10]; break; // 显示秒个位
case 2: P12 = 0; P0 = tab [ms / 10]; break; // 显示毫秒十位
case 3: P13 = 0; P0 = tab [ms % 10]; break; // 显示毫秒个位
}
num + +;
if (num > = 4) num = 0;
}
void main () {
TMOD | = 0 × 11; // 定时器 0 和定时器 1 都设置为模式 1
TH0 = 0 × d8;
TL0 = 0 × f0;
TH1 = 0 × F8;
TL1 = 0 × f0;
```

```
ET0 = 1;
ET1 = 1;
TR0 = 1;
TR1 = 1;
EA = 1;
sec = 0;
ms = 0;
while (1) {
// 开始/暂停
if (key1 = =0) {
delay (10);
if (key1 = =0) {
while (! key1);
TR0 = ! TR0;
}
}
// 记录
if (key2 = =0) {
delay (10);
if (key2 = =0) {
while (! key2);
if (i < 8) {
Sec [i] = sec;
Ms [i] = ms;
i + +;
}
}
}
// 上翻
if (key3 = =0) {
delay (10);
if (key3 = =0) {
while (! key3);
TR0 = 0;
if (j > =8) j = 0;
sec = Sec [j];
ms = Ms [j];
```

```
j + + ;
}
}
// 下翻
if (key4 = =0) {
delay (10);
if (key4 = =0) {
while (! key4);
TR0 =0;
if (j < =0) j =7;
sec = Sec [j];
ms = Ms [j];
j – – ;
}
}
// 清零（此处代码已省略，但可以根据需要添加）
}
}
```

第三节　智能小车设计

一、总体方案设计

　　本项目旨在设计并制作一款基于单片机控制的简易自动循迹小车，该系统综合运用了电子技术、传感器技术和控制理论。通过单片机生成 PWM 波信号，实现对小车行驶速度的精准调控。小车装备的红外光电传感器作为核心感知元件，负责实时监测路面的黑色轨迹，并将检测到的信号转化为电信号反馈给单片机。单片机接收到这些信号后，会进行快速的数据处理与分析，依据预设的逻辑算法判断小车当前位置与轨迹的偏离程度，随后通过调整驱动电机的转速和方向，引导小车沿着预设的黑色轨迹自动行驶，从而达成自动寻迹的目标。

　　为了实现这一目标，我们采用了 Keil C51 作为编程环境，利用 C 语言编写控制程序，确保代码的高效与可读性。同时，我们可借助 Proteus 仿真软件，对整个控制系统进行虚拟环境下的调试与功能验证，这不仅加快了开发进程，还降低了实际制作过程中的风险。完成软件设计后，项目进入硬件实现阶段，我们选用了单片机最小系统模块作为控制中心，搭配稳压电源模块确保系统供电稳定，红外检测模块精确捕捉轨迹信息，以及减速电机及其驱动模块提供动力与方向控制。所有元器件均按照精心设计的电路布局安装在万能板（或定制 PCB 板）上，随后进行电路参数的细致测试与必要调整，确保系统性能达到最优。

最终，通过编程器将编译好的控制程序下载至单片机，进行实地测试，验证小车能否准确无误地沿着黑色轨迹自动行驶。测试完成后，整理并撰写任务设计总结报告，详细记录设计思路、实现过程、遇到的问题及解决方案、测试结果与性能评估，为后续类似项目的开展提供宝贵经验参考。

二、硬件电路设计

根据图 5 - 6 设计出自动循迹小车控制系统的硬件电路（图 5 - 7）。

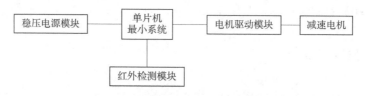

图 5 - 6　自动循迹小车控制系统结构

自动循迹小车的核心运作机制始于光电传感器的信号接收，这些信号经由精密设计的比较器电路处理后，迅速传递至单片机内部。一旦进入寻迹模式，单片机便开始循环扫描与之相连的多个 I/O 口，密切关注来自红外探测器的信号变化。每当检测到特定 I/O 口的信号状态转变时，单片机立即激活预设的判断逻辑，快速分析并生成相应的控制指令，通过 PWM 波信号精确调节电动机的运作，从而实现对小车行驶状态的有效校正。

在硬件构成上，单片机最小系统构成了控制中枢，它集成了 AT89C51 单片机、简便的按键复位电路以及稳定的时钟电路，确保系统能够可靠地启动与运行。红外检测模块则巧妙地部署了四个 ST188 红外探测头，这些传感器与 LM324 比较器及外围电路协同工作，通过精确检测黑线位置并将其转换为电平信号，为小车提供导航依据。通过调整滑动变阻器，系统能够灵活设定比较电压，以适应不同光照条件下的检测需求。

驱动模块方面，L298N 全桥驱动芯片以其强大的电流驱动能力和高响应频率脱颖而出，被选为电机驱动的核心组件。每个 L298N 全桥驱动芯片能够独立控制两个直流电机，为小车提供了强大的动力支持。至于执行机构，直流减速电机以其大扭矩、小体积、轻质量及易装配的特点成为理想选择。特别是选用减速比为 1：74 的直流电机，不仅确保了足够的输出扭力，还通过减速处理将电机转速控制在 100 r/min，满足了小车精确循迹的需求。

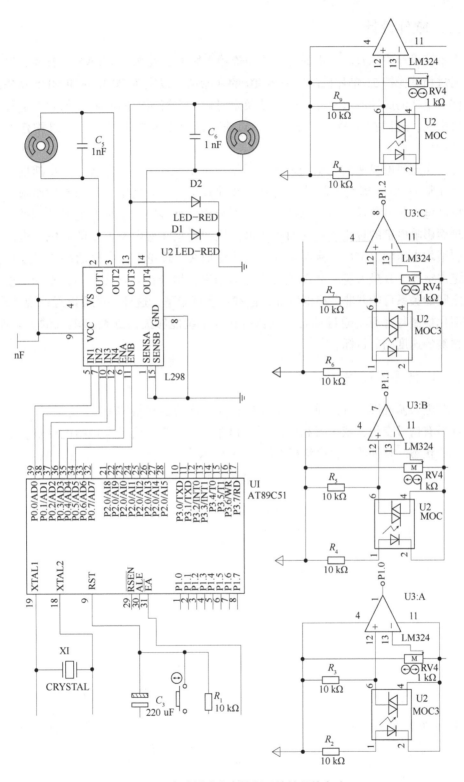

图 5 - 7　自动循迹小车控制系统的硬件电路

三、软件设计

本系统设计中，直流电机的速度调控依赖于脉冲宽度调制（PWM）技术，其核心在于通过精确操控 51 单片机的定时器 T0 的初始值，以实现 P0.4 口和 P0.5 口输出具有不同占空比的脉冲波形。这一过程涉及定时器每隔特定时间间隔（如 0.1 毫秒）产生一次中断，进而控制 P0.4 口或 P0.5 口输出高电平或低电平信号，以构建所需的 PWM 波形。

为了实现对电机速度的精细调节，系统设定了 100 个速度等级。每个速度等级对应一个完整的 PWM 周期内的特定高电平脉冲数量，该周期由 100 个脉冲组成。占空比，即高电平脉冲数量占周期总脉冲数的百分比，直接决定了加在电机两端的平均电压，进而影响电机的转速。具体而言，占空比增大意味着电机两端的高电平电压时间延长，平均电压随之增加，从而导致电机转动加快。理论上，电机的平均速度可视为在给定占空比下其最大速度乘以该占空比的结果，尽管在实际应用中，平均速度与占空比之间的关系可能并非严格的线性，但在许多场景下，这种关系可以近似视为线性，便于简化控制与计算。通过动态调整占空比，系统能够灵活地控制电机的平均速度，实现精确的速度调节目标。

（一）程序流程图

小车进入循迹模式后，即开始不停地扫描与探测器连接的 I/O 口，一旦检测到某个 I/O 口有信号变化，就执行相应的判断程序，把相应的信号发送给电动机，从而纠正小车的状态。软件的主程序流程如图 5－8 所示。

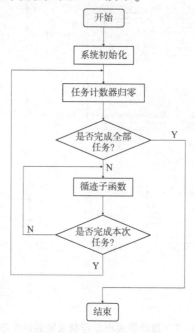

图 5－8　软件的主程序流程

(二) C 语言程序

下面的程序用于控制两个直流电机，通过 PWM 信号调节它们的速度，并根据红外传感器检测到的信号实现小车的自动循迹功能。

```c
#include <reg51.h>
#define uchar unsigned char
#define uint unsigned int
uchar zkb1 =0; // 左边电机的占空比
uchar zkb2 =0; // 右边电机的占空比
uchar t =0; // 定时器中断计数器
sbit RSEN1 = P1^0;
sbit RSEN2 = P1^1;
sbit LSEN1 = P1^2;
sbit LSEN2 = P1^3;
sbit IN1 = P0^0;
sbit IN2 = P0^1;
sbit IN3 = P0^2;
sbit IN4 = P0^3;
sbit ENA = P0^4;
sbit ENB = P0^5;
//************延时函数***************//
void delay (uint z)
{
while (z--);
}
//***********初始化定时器与中断************//
void init ()
{
TMOD =0×01; // 设置定时器 0 为模式 1
TH0 = (65536 - 100) / 256; // 定时 100 微秒
TL0 = (65536 - 100)% 256;
EA =1; // 开启全局中断
ET0 =1; // 开启定时器 0 中断
TR0 =1; // 启动定时器 0
}
//*********定时器 0 中断服务程序 + 脉宽调制*********//
void timer0 () interrupt 1
{
```

```
if (t < zkb1) ENA =1; else ENA =0;
if (t < zkb2) ENB =1; else ENB =0;
t + + ;
if (t > =100) t =0; // 重置计数器
}
//*************直行函数***************//
void qianjin ()
{
zkb1 =30;
zkb2 =30;
}
//*************左转函数1***************//
void turn_left1 ()
{
zkb1 =0;
zkb2 =50;
}
//*************左转函数2***************//
void turn_left2 ()
{
zkb1 =0;
zkb2 =60;
}
//*************右转函数1***************//
void turn_right1 ()
{
zkb1 =50;
zkb2 =0;
}
//*************右转函数2***************//
void turn_right2 ()
{
zkb1 =60;
zkb2 =0;
}
//*************循迹函数***************//
void xunji ()
{
uchar flag;
```

```
    if（（RSEN1 = =1）&&（RSEN2 = =1）&&（LSEN1 = =1）&&（LSEN2 = =
1））
    {
    flag =0; // 直行
    }
    else if（（RSEN1 = =0）&&（RSEN2 = =1）&&（LSEN1 = =1）&&（LSEN2
= =1））
    {
    flag =1; // 右偏，左转1
    }
    else if（（RSEN1 = =0）&&（RSEN2 = =0）&&（LSEN1 = =1）&&（LSEN2
= =1））
    {
    flag =2; // 右偏严重，左转2
    }
    else if（（RSEN1 = =1）&&（RSEN2 = =1）&&（LSEN1 = =0）&&（LSEN2
= =1））
    {
    flag =3; // 左偏，右转1
    }
    else if（（RSEN1 = =1）&&（RSEN2 = =1）&&（LSEN1 = =0）&&（LSEN2
= =0））
    {
    flag =4; // 左偏严重，右转2
    }

    switch（flag）
    {
    case 0：qianjin（）; break;
    case 1：turn_left1（）; break;
    case 2：turn_left2（）; break;
    case 3：turn_right1（）; break;
    case 4：turn_right2（）; break;
    default：break;
    }
    }
    //*******************主程序*****************
**//
    void main（）
```

131

```
{
init ();// 初始化
IN1  =1;// 设置电机初始状态
IN2  =0;
IN3  =1;
IN4  =0;
ENA  =1;// 使能电机
ENB  =1;
while （1）
{
xunji ();// 执行循迹函数
}
}
```

四、安装与调试

（一）任务所需设备、工具、器件、材料

任务所需设备、工具、器件、材料如表 5 – 3 所示。

表 5 – 3 任务所需设备、工具、器件、材料

类型	名称	数量	型号	备注
设备	示波器	1	20M	
工具	万用表	1	普通	
	电烙铁	1	普通	
	斜口钳	1	普通	
	镊子	1	普通	
器件	51 系列单片机	1	AT89C51 （AT89S51）	
	红外传感器	4	ST188	
	运放	1	LM324	
	电动机驱动芯片	1	L298	
	减速电机	1	减速比为 1：74	
	晶振	1	12 MHz	
	瓷片电容	2	30 pF	
	电解电容	1	10μF/16 V	
	电阻	2	10 kΩ	
	电阻	4	0.22 kΩ	
	排阻	2	1 K×8 Ω	
	电位器	1	1 K	
	电源	1	直流 400 mA/5 V 输出	
	4 位数码管	2	CPS05641AR	
	按键	3		

类型	名称	数量	型号	备注
材料	焊锡	若干	φ0.8 mm	
	万能板	1	4 cm×10 cm	
	PCB 板	1	4 cm×10 cm	
	导线	若干	φ0.8 mm 多股铜线漆包线	

（二）系统安装

1. 车体结构设计

为了确保小车能够保持优异的直线行驶性能，设计采用了双电机独立驱动左右两侧车轮的策略。这一布局不仅提升了驱动力分配的精准度，还有助于提高车辆行驶的稳定性。为了进一步提升小车的机动性和灵活性，车体后端特别安装了一颗高质量的不锈钢万向滚珠。这一设计使得小车在需要转向或进行复杂路径行驶时能够更加灵活自如，快速响应控制指令。

在底盘构造上，选用了轻质且坚固的铝合金框架作为主要支撑结构。铝合金材料不仅具有出色的强度和刚性，能够有效抵抗外部冲击和振动，还因其较低的密度而大幅减轻了整车的质量。这种设计思路在保证小车结构稳定性的同时，也优化了其动力性能，使得小车在加速、制动及转弯等动作中表现更加优秀。综上所述，这些设计元素共同作用于小车，使其有了卓越的直线行驶能力、出色的机动灵活性以及坚固而轻质的底盘结构。

2. 控制主板安装

检查元器件质量；在万能板（或 PCB 板）上焊接好元器件；检查焊接电路；用编程器将 .hex 文件烧写至单片机；将单片机插入 IC 座。

3. 循迹传感器安装

在小车执行精确的循迹行走任务时，为了准确无误地探测黑线位置并据此调整小车的行进方向，我们精心设计了一个高效的红外探测系统。该系统在底盘的适当位置部署了四个红外探测头，形成了一个全方位的感知网络。这四个红外探测头不仅能够覆盖小车前进路径上的关键区域，还能通过冗余设计增强系统的容错能力。

为了进一步提升循迹的准确性和可靠性，我们采用了两级方向纠正控制策略。在第一级控制中，系统会根据探测头反馈的信号初步判断小车与黑线的相对位置，并快速调整左右两侧电机的转速，以实现初步的方向纠正。如果小车偏离轨迹较远，或第一级控制未能达到预期效果，系统会立即启动第二级方向纠正控制。在这一阶段，系统会更加细致地分析探测头的数据，并可能结合其他传感器信息（如陀螺仪或加速度计），综合判断后实施更为精确的方向调整策略，确保小车能够迅速且稳定地回到预定的黑线轨迹上。

通过这种四个红外探测头（传感器）布局与两级方向纠正控制的结合，小车在循迹行走过程中能够展现出极高的精确度和可靠性，即使在复杂多变的环境条件下也能保持稳定的循迹性能（图 5-9）。

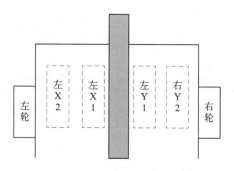

图 5-9 传感器安装

由图 5-9 可知，所有传感器均沿一条直线排列，形成了一个高效的轨迹检测网络。其中，X1 与 Y1 作为第一级方向控制传感器，它们的关键作用在于实时监测小车是否保持在预定的黑线轨迹上。而 X2 与 Y2 则作为第二级方向控制传感器，为系统提供了额外的保障。特别注意的是，为了确保传感器能准确感知黑线，同侧的两个传感器（如 X1 与 X2 或 Y1 与 Y2）的间距被精心设计，确保不超过黑线的宽度。

当小车沿黑线前进时，理想状态下应始终位于 X1 与 Y1 这两个第一级传感器之间。一旦小车发生偏离，第一级传感器能够迅速了解黑线存在与否，并将这一关键信息传递给小车的处理与控制系统。随后，控制系统立即响应，通过调整电机的输出，对小车的行驶轨迹进行即时纠正，确保其能够迅速回归正轨。

若小车成功返回到黑线轨迹上，四个传感器将同时检测到白纸背景，此时小车将继续稳定前行。然而，在某些情况下，由于惯性作用，小车可能会偏离更远，超出第一级传感器的探测范围。此时，第二级传感器 X2 与 Y2 将作为第一级传感器的后备力量，再次介入小车的运动控制过程，通过更为精细的调整策略，确保小车能够安全、准确地返回到正确的轨道上。

经过细致的光电检测电路调试与实地测量，最终确定了将红外对管安装在距离地面 1.5 厘米的最佳高度。这一高度设置不仅优化了传感器对黑线与白纸背景的识别能力，还显著提升了小车在复杂环境中的寻迹可靠性，确保了小车能够沿着预定轨迹稳定行驶。

4. 电机及驱动模块安装

系统装备了减速比为 1:74 的直流电机，这一设计显著降低了电机的原始转速，使其在减速后能够以稳定的 100 r/min 运行。为了精确控制这一电机的速度与方向，系统选用了专用的 L298N 电机驱动芯片（简称"L298N"）。L298N 以其强大的驱动能力、高响应频率以及能够同时控制两个直流电机的特性，成了本系统中的关键组件。

在硬件连接方面，L298N 的 5、7、10、12 这四个关键引脚与单片机巧妙相连。通过这些引脚，单片机能够向 L298N 发送控制信号，实现对电机转速和转向的精准调控。具体而言，单片机通过编程生成脉冲宽度调制信号，并将这些信号输出到

L298N 的相应引脚，从而控制电机两端的电压占空比，进而调节电机的转速。

通过这一设计，系统不仅实现了对直流电机的高效驱动，还赋予了其灵活的速度调节能力。用户只需通过简单的编程操作，即可轻松调整电机的转速，满足不同的应用场景需求。同时，L298N 驱动模块的稳定性和可靠性也为整个系统的长期稳定运行提供了有力保障。

5. 电源模块安装

在本设计中，为了确保各组件能够稳定且高效地运行，对电源系统进行了精心的规划。首先，51 单片机及其配套的传感器模块对电源电压有着较为严格的要求，因此采用了 7805 稳压芯片将来自充电电池组的电压稳定至 5 V，以满足这些组件的工作需求。这样做不仅保证了单片机和传感器的稳定运行，还有效防止了因电压波动可能导致的性能下降或损坏。

另一方面，考虑到电机对电流的需求较大且对电压的波动有一定的容忍度，电动机直接由电池供电。电池组采用充电式设计，其额定电压为 7.2 V，但在实际使用过程中，特别是当电池充满电后，其电压可能会上升至 6.5 ~ 6.8 V。这一电压范围对于电机而言是适宜的，既能够提供足够的动力，又不会超出电机的承受范围。电池通过专门的电池盒进行固定，既方便更换也确保了电池连接的安全性。

综上所述，本设计通过合理的电源分配与稳压措施，确保了单片机、传感器模块以及电动机等关键组件能够在各自适宜的电压范围内稳定运行，从而提升了整个系统的可靠性。

（三）　系统调试

1. 硬件调试

硬件调试是任何系统设计过程中都不可或缺的基础环节，它确保了所有硬件组件在加载软件前均能正常工作，从而为后续系统功能的实现奠定坚实基础。在进行硬件调试时，电源模块的测试应放在首位，因为它是支撑整个电路系统稳定运行的核心。在本设计中，尽管电源模块相对简单，采用外接 4.5 V（理论值 5 V）的干电池供电，但仍需格外注意电源接线的正负极性，确保直流电输入无误，以防极性反接损坏系统硬件。调试过程中，需首先验证电源是否正常输出，检查单片机的电源引脚电压是否符合要求，并确保所有接地引脚均正确接地。对于具有内核电压引脚的单片机，还需额外验证内核电压的稳定性。

随后进入单片机最小系统的调试阶段，这是验证单片机核心功能的关键步骤。通过测量晶振是否起振（通常起振时引脚电压会超过 1 V），检查复位电路是否正常工作，以及监测 ALE 引脚是否有规律的脉冲波输出（51 单片机的 ALE 引脚在每个机器周期输出两个正脉冲），可以综合判断单片机是否处于正常工作状态。

红外检测模块作为采集黑线信息的关键部件，其调试同样重要。通过观测 LM324 输出端的信号状态，可以直观判断红外检测模块是否能够正常工作，并准确传输黑线位置信息至单片机。

最后，电机驱动模块的调试也是不容忽视的一环。该模块工作电压设定为 5 V，而电机端的输出电压则直接由 VS 端输入的电压决定。在通电状态下，首要任务是确认 VS 端是否有电压输出，这是判断电机驱动电路是否基本正常的重要依据。若 VS 端无电压，则表明电机驱动电路存在问题，需进一步排查；反之，则可初步认为电机驱动电路运行正常。

2. 软件调试

在硬件电路经过细致检查确认无误，但系统仍无法实现设计要求时，软件编程的问题便成为首要怀疑对象。针对这一情况，调试策略应从软件的核心部分逐步展开。首先，应聚焦于初始化程序的审查，因为这是软件启动并配置系统资源的基础，任何遗漏或错误都可能导致后续功能无法正确执行。

随后，逐步深入具体功能模块的调试，包括但不限于温度读取程序、显示程序以及继电器控制程序等。在检查这些分段程序时，特别要注意逻辑顺序的正确性，确保程序流程符合设计要求；同时，仔细核查函数调用关系及使用的标号，因为错误的调用顺序或标号混淆都可能中断程序的正常执行流程。此外，对每条指令的深入理解也是必不可少的，错误的指令使用或参数设置都会直接影响程序的功能实现。

除了上述程序逻辑与指令使用的问题，还有一个常被忽视的环节需要特别注意，即源程序编译生成的代码是否成功烧录到单片机中。这一步骤是实现软件与硬件交互的关键，任何烧录过程中的错误或遗漏都将直接导致系统无法按预期运行。因此，在排查软件问题时，务必确认烧录过程的正确性与完整性，避免因这一环节失误而错失解决问题的关键线索。

3. 软、硬件联调

软件调试作为系统开发过程中的重要环节，其核心任务在于确保编写的软件能够准确无误地实现预定功能。这一过程通常在采用专业软件进行软件编写与调试时得以体现。为了高效地进行软件调试，首要步骤是明确软件的模块化设计，将整体功能合理划分为若干独立的部分，分别进行编写和调试。这种策略不仅简化了调试流程，还提高了调试的效率和准确性。

在硬件调试成功通过且软件仿真结果无误的基础上，接下来便是至关重要的软硬件联合调试阶段。此时，需将精心调试的程序通过下载器准确无误地烧录至单片机中，随后系统上电运行，以实际观察系统是否能够满足设计要求。若系统表现未达预期，首要任务是利用示波器等精密仪器检查单片机的时钟电路，确认是否有稳定的时钟信号输出。时钟电路作为单片机正常工作的基石，其正常运作是不可或缺的。

面对软硬件联合调试中可能出现的问题，若难以直观判断是硬件故障还是软件缺陷，则需采取更为全面的复查措施。通常，硬件电路的问题可通过万用表等检测工具进行逐一排查；而一旦确认硬件无虞，则问题焦点自然转向软件层面，此时需对软件代码进行更为细致入微的审查与调试。通过这一循环往复的调试过程，不断优化与修正软硬件配置，直至系统最终达到设计要求，实现完美运行。

参考文献

[1] 倪志莲. 单片机应用技术 [M]. 北京：北京理工大学出版社，2019.

[2] 颜颐欣，孟绍良. 单片机原理及应用 [M]. 北京：中国纺织出版社，2019.

[3] 李亚妹，尹昶. 单片机应用技术 [M]. 成都：西南交通大学出版社，2019.

[4] 孟洪兵，白铁成. 单片机程序架构 [M]. 北京：北京邮电大学出版社，2019.

[5] 佟云峰，杨宇. 单片机原理及应用 [M]. 北京：机械工业出版社，2019.

[6] 莫太平，陈真诚. 单片机原理与接口技术 [M]. 武汉：华中科技大学出版社，2019.

[7] 范红刚，张洋，杜林娟. STM8 单片机自学笔记 [M]. 北京：北京航空航天大学出版社，2019.

[8] 龙顺宇，杨伟，钟鹏飞. 单片机原理及实践应用 [M]. 北京：北京工业大学出版社，2019.

[9] 范红刚，任思璟，刘宏洋. 51 单片机自学笔记 [M]. 北京：北京航空航天大学出版社，2019.

[10] 霍孟友. 单片机原理与应用 [M]. 北京：机械工业出版社，2020.

[11] 韩彩霞，张胜男，邹静. 单片机原理及应用 [M]. 武汉：华中科技大学出版社，2020.

[12] 潘建斌. 单片机原理与应用 [M]. 北京：机械工业出版社，2020.

[13] 马继伟，伦翠芬，杨英. 单片机原理及应用 [M]. 秦皇岛：燕山大学出版社，2020.

[14] 郭宏. 单片机原理与应用基于 MSP430 系列单片机 [M]. 武汉：华中科技大学出版社，2020.

[15] 张新亮，刘微，李丹. 单片机原理及接口技术 [M]. 成都：电子科技大学出版社，2020.

[16] 郭珂，刘卫华，毛玉星. 单片机原理及接口技术 [M]. 重庆：重庆大学出版社，2020.

[17] 郭业才，左官芳. 微机原理与单片机技术实验教程 [M]. 镇江：江苏大学出版社，2020.

[18] 黄鹏. 汽车单片机应用技术 [M]. 2 版. 北京：机械工业出版社，2020.

[19] 卢丽君. 单片机应用技术 [M]. 北京：北京理工大学出版社，2021.

[20] 李晓艳. 汽车单片机应用技术 [M]. 北京：机械工业出版社，2021.

[21] 陈桂友. 单片机原理及应用 [M]. 北京：机械工业出版社，2021.

[22] 张兰红，邹华. 单片机原理及应用 [M]. 2 版. 北京：机械工业出版社，2021.

[23] 王海珍，廉佐政. CC2530 单片机原理及应用 [M]. 北京：机械工业出版社，2021.

[24] 王晓影. 单片机原理与应用课程设计 [M]. 武汉：华中科技大学出版社，2021.

[25] 李芳，荆珂，白晓虎. 单片机原理与应用：基于 PROTEUS 仿真 [M]. 北京：机械工业出版社，2021.

[26] 皮大能. 单片机原理与应用教学模式研究 [M]. 天津：天津科学技术出版社，2021.

[27] 凌黎明，屈省源，王青. 单片机应用技术 [M]. 重庆：重庆大学出版社，2022.

[28] 戚本志. 单片机控制技术 [M]. 北京：机械工业出版社，2022.

[29] 张静，李攀，杨永兆. 单片机技术项目教程 [M]. 南京：东南大学出版社，2022.

[30] 邓兴成. 单片机原理与实践指导 [M]. 2 版. 北京：机械工业出版社，2022.

[31] 张威，闻新，张小凤. 基于 Arduino 的 AurixTM 多核单片机入门 [M]. 哈尔滨：哈尔滨工业大学出版社，2022.

[32] 汪贵平，龚贤武，雷旭. 新编单片机原理及应用［M］. 2 版. 北京：机械工业出版社，2022.

[33] 欧训勇，李援. Arduino 单片机实战开发技术［M］. 昆明：云南科技出版社，2022.

[34] 李鹤，贾婷. STM32 单片机编程开发实战［M］. 北京：北京理工大学出版社，2022.

[35] 陈志英，徐敏. 单片机原理与应用：基于 Keil + Proteus［M］. 北京：机械工业出版社，2022.

[36] 蔡启仲，柯宝中，包敬海. 单片机原理及应用［M］. 北京：机械工业出版社，2023.

[37] 王承林，王晓旭，刘鹏. STC32 位 8051 单片机原理及应用［M］. 北京：北京理工大学出版社，2023.

[38] 彭敏，邹静，王瑞瑛. 单片机课程设计指导［M］. 2 版. 武汉：华中科技大学出版社，2023.